新疆特色乳产业标准系列丛书

新疆马乳、驴乳
产业标准体系

赵艳坤 胡涛 陈贺 王富兰 朱宁 等 编著

U0306317

中国农业科学技术出版社

图书在版编目（CIP）数据

新疆马乳、驴乳产业标准体系 / 赵艳坤等编著. --北京：中国农业科学技术出版社，2024.4
ISBN 978-7-5116-6752-6

Ⅰ.①新… Ⅱ.①赵… Ⅲ.①马-乳品工业-行业标准-标准体系-新疆 ②驴-乳品工业-行业标准-标准体系-新疆 Ⅳ.①F426.82

中国国家版本馆 CIP 数据核字（2024）第 070310 号

责任编辑　金　迪
责任校对　李向荣
责任印制　姜义伟　王思文

出 版 者　中国农业科学技术出版社
　　　　　北京市中关村南大街 12 号　　邮编：100081
电　　话　（010）82106625（编辑室）　　　（010）82106624（发行部）
　　　　　（010）82109709（读者服务部）
网　　址　https：//castp.caas.cn
经 销 者　各地新华书店
印 刷 者　北京建宏印刷有限公司
开　　本　170 mm×240 mm　1/16
印　　张　16
字　　数　303 千字
版　　次　2024 年 4 月第 1 版　2024 年 4 月第 1 次印刷
定　　价　86.00 元

《新疆马乳、驴乳产业标准体系》
编著人员

主 编 著：赵艳坤　胡　涛　　陈　贺　王富兰
　　　　　朱　宁

副主编著：郑　楠　王　成　　刘慧敏　孟　璐
　　　　　郭同军　王玉堂　　徐　敏　杨　飞

编著人员（按姓氏笔画排序）：

马锦陆	山格尔丽	马洪鹏	马宪兰
王长法	王　帅	王　涛	孔德鹏
华震宇	多倩倩	刘政宇	孙　苗
杨　洁	杨新月	李孟孟	张红艳
张　勇	张寅生	张　璐	陈玉洁
邵　伟	武亚婷	赵苏亚	赵　妍
俞金燕	娄肖肖	秦亚楠	徐晓炜
高姣姣	高　璇	曹双瑜	童刚平
蔡扩军			

前　言

　　新疆作为我国畜牧业大区之一，马、驴的养殖历史悠久。随着人们生活水平的提高，对高品质、高营养价值的乳品需求日益增强。近年来，新疆马乳、驴乳产业逐渐崭露头角，消费群体呈现由区内向区外扩展趋势，作为新疆独特的乳资源，马乳、驴乳的发展得到越来越多的关注。

　　本书系统梳理了新疆维吾尔自治区相关单位参与制定的现行马乳和驴乳相关的行业标准、地方标准和团体标准等。这些标准涵盖了马乳和驴乳产业从养殖到加工的各个环节，同时对新疆马乳和驴乳产业发展现状存在的问题进行了总结与分析，并提出了相应的对策和建议，以期为产业的健康发展提供有力支持。

　　我们衷心希望，通过本书的汇编与梳理，能够为广大读者提供一个了解新疆马乳和驴乳产业的窗口，为产业未来高质量发展提供有益的参考。本书在汇编过程中，若有与原标准表述不一致之处，均以原标准内容为准。同时，欢迎广大读者对本书提出宝贵的批评与建议。希望通过此书，能进一步推动新疆马乳和驴乳产业的标准化进程，为新疆乃至全国的马乳和驴乳产业发展贡献力量。

编著者

2024 年 3 月

目　录

第一篇　新疆马乳产业标准体系

第二篇 新疆驴乳产业标准体系

第一篇

新疆马乳产业标准体系

第一章　新疆马乳产业发展现状

马乳作为一种珍贵的天然食品，在新疆地区有着悠久的饮用历史，并形成了独特的饮食文化。新疆地处西北边疆，气候干燥寒冷，是传统的马乳主产区。近年来，随着人们对健康食品需求的不断增长，新疆马乳产业得到了迅猛发展，成为新疆地区的重要经济支柱。

新疆马种资源丰富，育成品种有伊犁马、伊吾马，原始地方品种有哈萨克马、焉耆马、巴里坤马、柯尔克孜马等，主要分布于伊犁、阿勒泰等地。据2023年中国统计年鉴统计，截至2022年，新疆马的存栏量为110.1万匹，居全国首位。现有马乳加工企业（合作社）30余家，马乳加工企业多为小型企业或养马合作社，产品加工正处于由粗放生产向精深加工过渡发展阶段，马乳消费群体呈现由区内向区外扩展趋势。

新疆的马乳产业涵盖了丰富多样的产品品类。除了传统的马乳饮品外，新疆的马乳产业还开发了一系列马乳制品，如马乳粉、马乳酸奶、马乳冰淇淋等。这些产品不仅满足了消费者对马乳的需求，还为新疆的马乳产业带来了更多的商机和发展空间。

新疆马乳的发展现状表明其马乳产业正呈现出蓬勃发展的态势。然而，随着市场需求的增加，新疆马乳产业也面临一些挑战，如养殖规模化程度不高、产品供给不足、产品安全控制薄弱、产品品质提升缓慢等问题。因此，相关部门和企业应加大投入，加强技术研发和质量监管，提高产品的质量和竞争力，进一步提升新疆马乳产业的健康发展，以满足消费者日益增长的需求。

第二章　新疆马乳产业标准综述

目前，新疆虽已建立了一些现代化的马乳生产基地，但与国际先进水平相比，仍有一定差距，新疆的马乳加工企业体量不大，多由小型企业或马养殖合作社进行生产加工，产品生产正处于由粗放生产向精深加工过渡发展阶段，且新疆马的养殖主要以传统游牧+补给精饲料方式为主，管理方式粗放，马乳生产缺乏相对统一的技术标准，不利于产业化的发展。马乳产业体系相关标准的制定对提高马乳产品质量，统一产品验收标准，规范马乳产品市场，促进生产企业公平竞争以及推动马乳产业发展起到积极的作用。

第一节　新疆马乳标准简述

一、新疆马乳产业标准

截至目前，在我国现已发布的马乳相关标准中，主要为新疆和内蒙古发布的一些地方标准和团体标准，其中新疆地方标准最多，有 20 余项。主要针对马乳产业制定了马乳及其制品的质量安全标准及从乳用马品种的选择到马乳的加工等相关技术标准。涉及生马乳、酸马乳、马乳粉等质量标准；伊犁马（乳用型）种马、伊吾马、哈萨克马、巴里坤马、柯尔克孜马、焉耆马等不同马种的生产性能及评定；乳用马的体质外貌评定技术；伊犁马（乳用型）选育技术；乳用马分子标记辅助选育技术；不同生理阶段乳用马培育技术；乳用马饲养技术；乳用马标准化挤奶技术及疾病防治技术等，这些标准的制定为新疆马乳产业的规模化、标准化生产提供科学依据，保证马乳及其制品的质量，从而促进马乳产业的健康发展。

二、马乳产品标准

马乳产品标准是指对包括生马乳及以生马乳为原料的各类乳制品（如马

乳粉、巴氏杀菌马乳等）规定其需要满足的指标要求，保证这些产品适用性的具有一定约束力的规范性文件。马乳产品标准的制定对保障马乳产品质量，规范马乳产品生产，促进马乳产品研发等起到积极推动作用。

目前，我国马乳相关产品标准共10项，包括6项地方标准、3项团体标准以及1项企业标准。标准的制定单位具有明显的地域特点，以新疆和内蒙古等马乳主产地区为主，其中新疆发布了马乳产品地方标准4项，团体标准1项；内蒙古先后发布了地方标准2项，团体标准2项；此外，甘肃制定了1项马乳粉企业标准，10项产品标准涉及生马乳（地方标准2项）、马乳粉（地方标准3项、团体标准1项，企业标准1项）、巴氏杀菌马乳（团体标准1项）和酸马乳（地方标准1项，团体标准1项）四大类产品，见表2-1。

表2-1　马乳产品标准

标准名称	标准号	实施日期	标准类别	发布单位
食品安全地方标准 生马乳	DBS65/ 015—2023	2023-12-20	地方标准	新疆维吾尔自治区卫生健康委员会
食品安全地方标准 马乳粉	DBS65/ 016—2023	2023-12-20	地方标准	新疆维吾尔自治区卫生健康委员会
食品安全地方标准 调制马乳粉	DBS65/ 024—2023	2023-12-20	地方标准	新疆维吾尔自治区卫生健康委员会
食品安全地方标准 发酵乳粉	DBS 65/020—2023	2023-12-20	地方标准	新疆维吾尔自治区卫生健康委员会
食品安全地方标准 生马乳	DBS 15/011—2019	2019-06-01	地方标准	内蒙古自治区卫生健康委员会
食品安全地方标准 蒙古族传统乳制品策格（酸马奶）	DBS 15/013—2019	2019-06-01	地方标准	内蒙古自治区卫生健康委员会
马乳粉	T/IMAS 053—2023	2023-01-06	团体标准	内蒙古自治区标准化协会
巴氏杀菌马乳	T/IMAS 054—2023	2023-01-06	团体标准	内蒙古自治区标准化协会
马乳粉	Q/KLTQ 0003S—2021	2021-03-25	企业标准	甘肃凯利天祁生物科技有限公司
哈萨克特色乳制品 酸马乳	T/DAXJ 007-2021	2021-10-01	团体标准	新疆维吾尔自治区奶业协会

2017年新疆维吾尔自治区卫生和计划生育委员会发布的《食品安全地方标准　生马乳》（DBS65/ 015—2017）和《食品安全地方标准　马乳粉》（DBS65/ 016—2017），以及2020年新疆维吾尔自治区卫生健康委员会发布的《食品安全地方标准　发酵乳粉》（DBS 65/020—2020）于2023年进行了修

订，于 2023 年 12 月 20 日实施。同时为匹配新的生产工艺和产品质量监督的要求，进一步细化了新疆马乳产品标准，将原来在《食品安全地方标准 马乳粉》（DBS65/ 016—2017）中包含的调制马乳粉细分出来，单独发布了《食品安全地方标准 调制马乳粉》（DBS 65/024—2023）。2021 年新疆维吾尔自治区奶业协会发布了《哈萨克特色乳制品 酸马乳》（T/DAXJ 007—2021）。2019 年，内蒙古自治区卫生健康委员会发布了生马乳（DBS 15/011—2019）和酸马乳（DBS 15/013—2019）地方标准。内蒙古自治区标准化协会于 2023 年发布了马乳粉（T/IMAS 053—2023）和巴氏杀菌马乳（T/IMAS 054—2023）的团体标准。从现行发展趋势来看，马乳产品标准涉及的产品种类不断扩展，产品合格判定的检验方法逐步统一为国家强制标准，废除了污染物、真菌毒素以及致病菌的单独限量要求，以国家相关强制标准《食品安全国家标准 食品中污染物限量》（GB 2762—2022）、《食品安全国家标准 食品中真菌毒素限量》（GB 2761—2017）和《食品安全国家标准 预包装食品中致病菌限量》（GB 29921—2021）的规定检测并判定。

根据《食品安全国家标准 食品中污染物限量》（GB 2762—2022）、《食品安全国家标准 食品中真菌毒素限量》（GB 2761—2017）和《食品安全国家标准 预包装食品中致病菌限量》（GB 29921—2021）分别整理出新疆马乳产品标准中污染物和真菌毒素限量以及马乳产品标准中相关致病菌限量指标规定及检测方法（表 2-2，表 2-3），以供参考。

表 2-2 新疆马乳产品标准中污染物和真菌毒素限量

项目		限量	检验方法	产品名称
铅（以 Pb 计）/（mg/kg）	≤	0.2	GB 5009.12	适用于乳及乳制品（生乳、巴氏杀菌乳、灭菌乳、调制乳、发酵乳除外）
		0.02		适用于生乳、巴氏杀菌乳、灭菌乳
		0.04		适用于调制乳、发酵乳
总汞（以 Hg 计）/（mg/kg）	≤	0.01	GB 5009.17	适用于生乳、巴氏杀菌乳、灭菌乳、调制乳、发酵乳
总砷（以 As 计）/（mg/kg）	≤	0.1	GB 5009.11	适用于生乳、巴氏杀菌乳、灭菌乳、调制乳、发酵乳
		0.5		适用于乳粉和调制乳粉
铬（以 Cr 计）/（mg/kg）	≤	0.3	GB 5009.123	适用于生乳、巴氏杀菌乳、灭菌乳、调制乳、发酵乳
		2.0		适用于乳粉和调制乳粉

（续表）

项目		限量	检验方法	产品名称
亚硝酸盐（以 NaNO$_2$ 计）/ （mg/kg）	≤	0.4	GB 5009.33	适用于生乳
		2.0		适用于乳粉和调制乳粉
黄曲霉毒素 M$_1$/（μg/kg）	≤	0.5	GB 5009.24	乳粉按生乳折算； 适用于乳与乳制品

注：乳与乳制品：生乳、巴氏杀菌乳、灭菌乳、调制乳、发酵乳、炼乳、乳粉、乳清粉和乳清蛋白粉（包括非脱盐乳清粉）、干酪、再制干酪、其他乳制品（包括酪蛋白）

表 2-3　新疆马乳产品标准中致病菌限量

致病菌指标	采样方案及限量 （若非指定，均以/25 g 或/25 mL 表示）				检验方法	产品名称
	n	c	m	M		
沙门氏菌	5	0	0	—	GB 4789.4	—
金黄色葡萄球菌	5	0	0	—	GB 4789.10	仅适用于巴氏杀菌乳、调制乳、发酵乳、加糖炼乳（甜炼乳）、调制加糖炼乳
	5	2	100 CFU/g	1000 CFU/g		仅适用于干酪、再制干酪和干酪制品
	5	2	10 CFU/g	100 CFU/g		仅适用于乳粉和调制乳粉
单核细胞增生李斯特菌	5	0	0	—	GB 4789.30	仅适用于干酪、再制干酪和干酪制品

注：样品的采集和处理按 GB 4789.1 执行

第二节　新疆马乳产业标准建议

一、制定马乳特征技术指标质量标准

（一）亚油酸和 α-亚麻酸

现有马乳相关标准已基本覆盖了马乳产品中常见的理化指标，在匹配马乳制品自身产品特性的同时，也为原料收购、成品验收提供了统一的技术要求。标准中各项指标均规定使用国家强制标准进行检测，对于污染物、真菌毒素、致病菌等有害指标的要求，又与现行的国家强制标准接轨，为企业产品质量控制以及相关监督管理机构、执法机关提供了一致的遵循标准。但是，现有马乳产品标准的内容是以乳制品国家标准为模板确立的，其技术指标的设置还停留在关注蛋白质、脂肪、乳糖等存在于所有乳制品中的共有指标上，缺乏能体现与其他乳制品（如牛乳、驼乳、驴乳等）不同之处的特征性技术指标。有研究指出，马乳中必需脂肪酸占总脂肪酸的比例以及不饱和脂肪酸的比例显著高于驼乳、牛乳、羊乳和驴乳，马乳和马乳粉中不饱和脂肪酸亚油酸（C18:2）的含量为19%，α-亚麻酸（C18:3）的含量为25%，而牛乳中仅为2%~4%，建议可以将亚油酸和α-亚麻酸作为马乳的标志性技术指标，列入产品标准中（刘宇婷等，2021）。

（二）乳清蛋白

乳清蛋白是乳蛋白的主要成分之一，研究发现，马乳中酪蛋白和乳清蛋白的含量之比约为1:1，而羊乳、牛乳中的比例约为4:1。随着进一步的研究，今后或许可将乳清蛋白与酪蛋白之比作为马乳产品的特征指标，以凸显其产品特性（陈宝蓉等，2023）。

二、形成马乳真实性判别检测标准

由于特色乳产品的价格优势，目前，市场中存在向高附加值的特色乳制品中添加价格较低的牛乳甚至植物性蛋白的掺假行为，危害消费者的权益，损害行业发展。DBS 65/024—2023中规定调制马乳粉中不得添加"其他畜种的生乳及乳制品、动植物源性蛋白和脂肪"，但所有的马乳产品标准中尚未列入产品的鉴伪指标。

有研究人员通过分析不同家畜乳汁中奇数碳链支链脂肪酸（odd and branched chain fatty acids，OBCFA）的组分含量，可有效区分马乳、牛乳、驼乳和山羊乳。此外，马乳乳脂肪的质谱指纹数据与牛乳、羊乳等极为不同，可以利用乳脂肪质谱数据建立家畜乳真实性的判别模型来对马乳进行真伪鉴别。利用质子转移反应-飞行时间质谱（Proton transfer reaction-time of flight-mass spectrometry，PTR-TOF-MS）技术分析不同家畜乳汁中的酸类、酯类、酮类、醛类和烷烃类等气味物质，建立各类家畜的原乳气味质谱指纹模型，可用于鉴别不同家畜种类，进行乳制品的真实性判别（吴艳等，2022）。虽然目前此类鉴别技术对仪器、检测人员的要求较高，但随着技术水平的不断发展和消费需求的持续增加，在马乳产品标准中加入鉴别指标，保护诚信生产企业的同时还有助于形成良性的产品竞争市场，提高马乳产品的科技附加值，有助于马乳产业的发展。

三、开发马乳新产品质量标准

目前马乳的产品标准覆盖了原乳、乳粉、杀菌乳和发酵乳产品。研究表明，相较牛乳、羊乳等，马乳中的乳糖、乳清蛋白、脂肪酸比例，与人乳中的构成更为接近，可溶性蛋白含量较高，更易于被人体消化吸收，有助于体内肠道益生菌的生长，适合婴幼儿食用（许晶辉，2020）。研发出以马乳为原料的婴幼儿配方食品及标准，丰富产品类型。

随着生产技术水平的提高，同时伴随消费者对天然、健康、营养、口味多样乃至包装创新的食品的不断追求下，必将会有更多种类的马乳制品出现。因此产品标准的制定应具有前瞻性，新疆马乳产品标准的制定不能还停留在国家标准中有哪些产品、哪类指标，地方标准就写什么的阶段，而要以标准引领产品的发展为目标，开发"先标准后产品"的模式，让标准去等产品而不是让产品去等标准，高水平的标准才能催生高质量的产品。因此建立高水平马乳产品标准，能够进一步激励和推动生产企业研发马乳制品的积极性，引领马乳产业优化升级、深入发掘开拓国内马乳消费市场，持续满足人民群众对高品质生活的追求。

四、制定马乳生产技术相关标准

马乳及乳制品的质量控制不仅仅是针对产品本身，还需要规范控制马乳的整个生产过程，而优良的品种、科学的饲养管理和舒适的环境是提高马乳产量和质量的关键。大力发展新疆马乳产业，要不断积极探索符合现代化、标准化的科学管理模式。加大科技力量的投入，引进良种乳用马，利用冷冻精液技术和胚胎移植技术等加速品种改良，提高产乳量；加快马饲料营养、疾病诊治、饲养管理等基础研究工作，规范饲养管理制度和疾病防治技术；改进原料乳收集、贮藏运输、包装销售等环节，进一步健全马乳生产技术标准化体系，提高马乳质量，以确保马乳及其制品的质量安全，促进马乳产业的健康发展。

第三章　新疆马乳产品标准

【地方标准】

食品安全地方标准　生马乳

标准号：DBS 65/015—2023
发布日期：2023-06-20　　　　　　　　　实施日期：2023-12-20
发布单位：新疆维吾尔自治区卫生健康委员会

前　言

本标准代替 DBS 65/015—2017《食品安全地方标准　生马乳》。

本标准与 DBS 65/015—2017 相比，主要变化如下：

——删去规范性引用文件；

——修改了污染物限量和真菌毒素限量；

本标准由新疆维吾尔自治区卫生健康委员会提出。

本标准起草单位：乌鲁木齐市奶业协会、新疆畜牧科学院畜牧业质量标准研究所、乌鲁木齐市动物疾病控制与诊断中心、乌鲁木齐海关技术中心、新疆轻工职业技术学院、新疆新姿源生物制药有限责任公司、新疆特丰药业股份有限公司。

参与修订单位（以拼音字母为序）：新疆天牛乳业有限公司、中蕴马产业阿勒泰有限公司。

本标准主要起草人：何晓瑞、徐敏、卢晶、蔡扩军、巴哈提古丽·马那提拜、张志强、张寅生、任皓、李景芳、陆东林。

1　范围

本标准适用于生马乳，不适用于即食生马乳。

2　术语和定义

2.1　生马乳

从正常饲养的、经检疫合格的无传染病和乳房炎的健康母马乳房中挤出的无任何成分改变的常乳，产驹后 15 天内的乳、应用抗生素期间和休药期间的乳汁、变质乳不应用作生乳。

3　技术要求

3.1　感官要求

感官要求应符合表 1 的规定。

表 1　感官要求

项目	要求	检验方法
色泽	呈乳白色或白色，不附带其他异常颜色	取适量试样置于 50 mL 烧杯中，在自然光下观察色泽和组织状态，闻其气味，用温开水漱口，品尝滋味
滋味、气味	具有马乳固有的香味、甜味，无异味	
组织状态	呈均匀一致液体，无凝块、无沉淀、无正常视力可见异物	

3.2　理化要求

理化要求应符合表 2 的规定。

表 2　理化要求

项目		指标	检验方法
相对密度/（20℃/20℃）	≥	1.032	GB 5009.2
蛋白质/（g/100 g）	≥	1.6	GB 5009.5
脂肪/（g/100 g）	≥	0.8	GB 5009.6
乳糖/（g/100 g）	≥	5.8	GB 5413.5
非脂乳固体/（g/100 g）	≥	7.8	GB 5413.39
杂质度/（mg/kg）	≤	4.0	GB 5413.30
酸度/°T	≤	10	GB 5009.239

3.3　污染物限量和真菌毒素限量

3.3.1　污染物限量应符合 GB 2762 的规定。

3.3.2　真菌毒素限量应符合 GB 2761 的规定。

3.4 微生物限量

微生物限量应符合表 3 的规定。

表 3　微生物限量

项目		限量	检验方法
菌落总数/（CFU/mL）	≤	$2×10^6$	GB 4789.2

3.5 农药残留限量和兽药残留限量

3.5.1　农药残留量应符合 GB 2763 及国家有关规定和公告。

3.5.2　兽药残留量限量应符合 GB 31650 及国家有关规定和公告。

4　其他

4.1　奶畜养殖者对挤奶设施、生鲜乳贮存设施应当及时清洗、消毒，避免对生鲜乳造成污染，生鲜马乳的挤奶、冷却、贮存、交收过程的卫生规范应符合 GB 12693、《乳品质量安全监督管理条例》《新疆维吾尔自治区奶业条例》的规定。

【地方标准】

食品安全地方标准 马乳粉

标准号：DBS 65/016—2023
发布日期：2023-06-20 实施日期：2023-12-30
发布单位：新疆维吾尔自治区卫生健康委员会

前 言

本标准代替 DBS 65/016—2017《食品安全地方标准 马乳粉》。

本标准与 DBS 65/016—2017 相比，主要变化如下：

——删去规范性引用文件；

——修改了术语和定义，删去调制马乳粉；

——修改了理化指标中蛋白质、脂肪、乳糖、水分的单位；

——修改了污染物限量和真菌毒素限量；

——修改了微生物限量；

——删去生产过程中的卫生要求；

本标准由新疆维吾尔自治区卫生健康委员会提出。

本标准起草单位：乌鲁木齐市奶业协会、新疆畜牧科学院畜牧业质量标准研究所、乌鲁木齐市动物疾病控制与诊断中心、新疆轻工职业技术学院、新疆新姿源生物制药有限责任公司、新疆特丰药业股份有限公司。

参与修订单位（以拼音字母为序）：新疆天牛乳业有限公司、中蕴马产业阿勒泰有限公司。

本标准主要起草人：何晓瑞、徐敏、贾月梅、王涛、张志强、李永青、马佳妮、李景芳、陆东林。

1 范围

本标准适用于全脂、脱脂、部分脱脂马乳粉。

2 术语和定义

2.1 马乳粉

仅以生马乳为原料，经加工制成的粉状产品。

3 技术要求

3.1 原料要求

3.1.1 生马乳应符合 DBS 65/015 的规定。

3.2 感官要求

感官要求应符合表1的规定。

表1 感官要求

项目	指标	检验方法
色泽	呈均匀一致的乳白色	取适量试样置于干燥、洁净的白色盘（瓷盘或同类容器）中，在自然光下观察色泽和组织状态，冲调后，嗅其气味，用温开水漱口，品尝滋味
滋味、气味	具有纯正的马乳香味和甜味	
组织状态	干燥均匀的粉末	

3.3 理化指标

理化指标应符合表2的规定。

表2 理化指标

项目		指标	检验方法
蛋白质/（g/100 g）	≥	非脂乳固体[a]的18%	GB 5009.5
脂肪[b]/（g/100 g）	≥	10.0	GB 5009.6
乳糖/（g/100 g）	≥	58.0	GB 5413.5
复原乳酸度/°T	≤	10	GB 5009.239
杂质度/（mg/kg）	≤	16	GB 5413.30
水分/（g/100 g）	≤	5.0	GB 5009.3
[a]非脂乳固体（%）＝100（%）−脂肪（%）−水分（%） [b]仅适用于全脂马乳粉			

3.4 污染物限量和真菌毒素限量

3.4.1 污染物限量应符合 GB 2762 的规定。

3.4.2 真菌毒素限量应符合 GB 2761 的规定。

3.5 微生物限量

3.5.1 致病菌限量应符合 GB 29921 的规定。

3.5.2 微生物限量还应符合表3的规定。

表3 微生物限量

项目	采样方案[a]及限量				检验方法
	n	C	m	M	
菌落总数/（CFU/g）	5	2	5.0×10^4	2.0×10^5	GB 4789.2
大肠菌群/（CFU/g）	5	1	10	100	GB 4789.3
[a]样品的采样及处理按 GB 4789.1 和 GB 4789.18 执行。					

4 其他

4.1 产品应标识为"马乳粉"或"马奶粉"。

4.2 产品应标注乳糖含量。

【地方标准】

食品安全地方标准　调制马乳粉

标准号：DBS 65/024—2023
发布日期：2023-06-20　　　　　　　　　实施日期：2023-12-20
发布单位：新疆维吾尔自治区卫生健康委员会

前　　言

本标准由新疆维吾尔自治区卫生健康委员会提出。

本标准起草单位：乌鲁木齐市奶业协会、新疆畜牧科学院畜牧业质量标准研究所、乌鲁木齐市动物 疾病控制与诊断中心、新疆轻工职业技术学院、新疆特丰药业股份有限公司、新疆新姿源生物制药有限责任公司。

参与修订企业（以拼音字母为序）：新疆天牛乳业有限公司、中蕴马产业阿勒泰有限公司。

本标准主要起草人：何晓瑞、徐敏、吴星星、贾月梅、王传兴、张志强、马佳妮、李永青、李景芳、陆东林、朱晓玲。

1　范围

本标准适用于调制马乳粉。

2　术语和定义

2.1　调制马乳粉

以生马乳和（或）马全乳（或脱脂及部分脱脂）加工制品为主要原料，添加其他原料（不包括其他畜种的生乳及乳制品、动植物源性蛋白和脂肪）、食品添加剂、营养强化剂中的一种或多种，经加工制成的粉状产品，其中马乳固体含量不低于70%。

3　技术要求

3.1　原料要求

3.1.1　生马乳应符合 DBS 65/015 的规定，马乳粉符合 DBS 65/016 的规定。

3.1.2　其他原料应符合相应的食品安全标准和有关规定。

3.2　感官要求

感官要求应符合表1的规定。

表1　感官要求

项目	指标	检验方法
色泽	具有应有的色泽	取适量试样置于干燥、洁净的白色盘（瓷盘或同类容器）中，在自然光下观察色泽和组织状态，冲调后，嗅其气味，用温开水漱口，品尝滋味
滋味、气味	具有应有的滋味、气味	
组织状态	干燥均匀的粉末	

3.3　理化指标

理化指标应符合表2的规定。

表2　理化指标

项目		指标	检验方法
蛋白质/（g/100 g）	≥	11.5	GB 5009.5
乳糖/（g/100 g）	≥	40.0	GB 5413.5
水分/（g/100 g）	≤	5.0	GB 5009.3

3.4　污染物限量和真菌毒素限量

3.4.1　污染物限量应符合 GB 2762 的规定。

3.4.2　真菌毒素限量应符合 GB 2761 的规定。

3.5　微生物限量

3.5.1　致病菌限量应符合 GB 29921 的规定。

3.5.2　微生物限量还应符合表3的规定。

表3　微生物限量

项目	采样方案[a]及限量				检验方法
	n	c	m	M	
菌落总数[b]/（CFU/g）	5	2	$5.0×10^4$	$2.0×10^5$	GB 4789.2
大肠菌群/（CFU/g）	5	1	10	100	GB 4789.3
[a]样品的采样及处理按 GB 4789.1 和 GB4789.18 执行。					
[b]不适用于添加活性菌种（好氧和兼性厌氧）的产品（如添加活菌，产品中活菌数应≥10^6CFU/g）。					

3.6　食品添加剂和营养强化剂

3.6.1　食品添加剂的使用应符合 GB 2760 的规定。

3.6.2 食品营养强化剂的使用应符合 GB 14880 的规定。

4 其他

4.1 产品应标识"调制马乳粉"或"调制马奶粉"。

4.2 产品应标识乳糖的含量。

【地方标准】

食品安全地方标准　发酵乳粉

标准号：DBS 65/020—2023
发布日期：2023-06-20　　　　　　　实施日期：2023-12-20
发布单位：新疆维吾尔自治区卫生健康委员会

前　言

本标准代替 DBS 65/020—2020《食品安全地方标准　发酵乳粉》。

本标准与 DBS 65/020—2020 相比，主要变化如下：

——删去规范性引用文件；

——修改了术语与定义；

——修改了理化指标中发酵驴乳粉脂肪指标及蛋白质、脂肪、水分的单位；

——修改了污染物限量和真菌毒素限量；

——修改了微生物限量；

——删去生产过程中的卫生要求；

——删去标签；

本标准由新疆维吾尔自治区卫生健康委员会提出。

本标准起草单位：乌鲁木齐市奶业协会、新疆轻工职业技术学院、新疆农业大学、新疆医科大学、乌鲁木齐市动物疾病控制与诊断中心、新疆农业产业化龙头企业协会、新疆天润生物科技股份有限公司、新疆西域春乳业有限责任公司、新疆石河子花园乳业有限公司、新疆旺源驼奶实业有限公司、阿拉尔新农乳业有限责任公司、新疆伊吾玉龙奶业有限公司、新疆玉昆仑天然食品工程有限公司、新疆中驼生物科技有限公司、新疆花麒特乳奶业有限公司。

参与修订单位（以拼音字母为序）：青河县梦圆生物科技有限公司、新疆天牛乳业有限公司、新疆驼盟集团有限责任公司、新疆驼源生物科技有限公司、新疆昆仑绿源食品开发有限责任公司、新疆新驼乳业有限公司、中蕴马产业阿勒泰有限公司、伊犁那拉乳业集团有限公司、乌苏高泉天天乳业有限责任公司。

本标准主要起草人：何晓瑞、徐敏、卞生珍、张煌涛、张志强、申磊、王涛、武运、高晓黎、陆东林、朱晓玲。

1 范围

本标准适用于发酵乳粉和调制发酵乳粉。

2 术语和定义

2.1 发酵乳粉

2.1.1 发酵牛（羊）乳粉：以单一奶畜的生牛（羊）乳为原料，经杀菌、接种唾液链球菌嗜热亚种和德氏乳杆菌保加利亚亚种或其他由国务院卫生行政部门批准使用的菌种发酵、加工制成的粉状产品。

2.1.2 发酵驼乳粉：仅以生驼乳为原料，经杀菌、接种唾液链球菌嗜热亚种和德氏乳杆菌保加利亚亚种或其他由国务院卫生行政部门批准使用的菌种发酵、加工制成的粉状产品。

2.1.3 发酵驴乳粉：仅以生驴乳为原料，经杀菌、接种唾液链球菌嗜热亚种和德氏乳杆菌保加利亚亚种或其他由国务院卫生行政部门批准使用的菌种发酵、加工制成的粉状产品。

2.1.4 发酵马乳粉：仅以生马乳为原料，经杀菌、接种唾液链球菌嗜热亚种和德氏乳杆菌保加利亚亚种或其他由国务院卫生行政部门批准使用的菌种发酵、加工制成的粉状产品。

2.2 调制发酵牛（羊）乳粉

以单一奶畜的生牛（羊）乳为主要原料，添加其他原料（不包括其他品种的全乳、脱脂及部分脱脂乳），经杀菌、接种唾液链球菌嗜热亚种和德氏乳杆菌保加利亚亚种或其他由国务院卫生行政部门批准使用的菌种发酵，发酵前或后添加或不添加食品添加剂、营养强化剂中的一种或多种，经加工制成的粉状产品，其中来自主要原料的牛（羊）乳固体含量不低于70%。

3 技术要求

3.1 原料要求

3.1.1 生牛（羊）乳应符合 GB 19301 的规定。生驼乳应符合 DBS 65/010 的规定。生马乳应符合 DBS 65/015 的规定。生驴乳应符合 DBS 65/017 的规定。

3.1.2 其他原料应符合相应食品标准和有关规定。

3.1.3 发酵菌种：唾液链球菌嗜热亚种和德氏乳杆菌保加利亚亚种或其他由国务院卫生行政部门批准使用的菌种。

3.2 感官要求

感官要求应符合表1的规定。

表1 感官要求

项目	要求		检验方法
	发酵乳粉	调制发酵牛（羊）乳粉	
色泽	呈均匀一致的白色或乳白色或微黄色	具有与添加成分相符的色泽	取适量试样置于干燥、洁净的白色盘（瓷盘或同类容器）中，在自然光下观察色泽和组织状态，冲调后，嗅其气味，用温开水漱口，品尝滋味
滋味、气味	具有相应乳种发酵乳粉特有的滋味和气味	具有与添加成分相符的滋味和气味	
组织状态	干燥均匀的粉末		

3.3 理化指标

理化指标应符合表2的规定。

表2 理化指标

项目		指标	检验方法
蛋白质/（g/100 g） ≥	发酵牛（羊）乳粉	非脂乳固体[a]的34%	GB 5009.5
	调制发酵牛（羊）乳粉	16.5	
	发酵驼乳粉	非脂乳固体[a]的36%	
	发酵驴乳粉	非脂乳固体[a]的18%	
	发酵马乳粉	非脂乳固体[a]的18%	
脂肪[b]/（g/100 g） ≥	发酵牛（羊）乳粉	26.0	GB 5009.6
	发酵驼乳粉	28.0	
	发酵驴乳粉	2.5	
	发酵马乳粉	10.0	
复原乳酸度/（°T） ≥	发酵牛（羊）乳粉	45	GB 5009.239
	发酵驼乳粉	45	
	发酵驴乳粉	45	
	发酵马乳粉	45	
杂质度/（mg/kg） ≤	发酵乳粉	16	GB 5413.30

（续表）

项目		指标	检验方法
水分/（g/100 g）　≤		5.0	GB 5009.3

ª非脂乳固体（%）= 100（%）-脂肪（%）-水分（%）
ᵇ仅适用于全脂发酵牛（羊）乳粉、全脂发酵驼乳粉、全脂发酵驴乳粉、全脂发酵马乳粉

3.4　污染物限量和真菌毒素限量

3.4.1　污染物限量应符合 GB 2762 的规定。

3.4.2　真菌毒素限量应符合 GB 2761 的规定。

3.5　微生物限量

3.5.1　致病菌限量应符合 GB 29921 的规定。

3.5.2　微生物限量还应符合表 3 的规定。

表 3　微生物限量

项目	采样方案ª及限量				检验方法
	n	c	m	M	
菌落总数ᵇ/（CFU/g）	5	2	$5.0×10^4$	$2.0×10^5$	GB 4789.2
大肠菌群/（CFU/g）	5	1	10	100	GB 4789.3
酵母/（CFU/g）	≤100				GB 4789.15
霉菌/（CFU/g）	≤30				

ª样品的采样及处理按 GB 4789.1 和 GB 4789.18 执行
ᵇ仅限发酵后经热处理的产品

3.6　乳酸菌数

乳酸菌数应符合表 4 的规定。

表 4　乳酸菌数

项目	限量/（CFU/g）		检验方法
ª乳酸菌数	出厂	$≥1×10^6$	GB 4789.35

ª发酵后经热处理的产品对乳酸菌数不作要求

3.7　食品添加剂和营养强化剂

3.7.1　食品添加剂的使用应符合 GB 2760 的规定。

3.7.2　食品营养强化剂的使用应符合 GB 14880 的规定。

4　其他

4.1　产品应标识"发酵 ** 乳粉"或"发酵 ** 奶粉";"调制发酵牛（羊）乳粉"或"调制发酵牛（羊）奶粉"。

【团体标准】

哈萨克特色乳制品　酸马乳
Kazak characteristic dairy
products−Koumiss

标准号：T/DAXJ 007-2021

发布日期：2021-08-01　　　　　　　　实施日期：2021-10-01

发布单位：新疆维吾尔自治区奶业协会

前　　言

　　本标准按照GB/T 1.1《标准化工作导则　第1部分：标准的结构和编写》规定的格式要求进行编制并确定规范性技术要素内容。

　　本标准由新疆维吾尔自治区奶业协会提出并归口。

　　本标准为首次发布。

　　本标准起草单位：新疆农业科学院农业质量标准与检测技术研究所、新疆农业大学。

　　本标准主要起草人：赵艳坤、邵伟、任万平、郭璇、王立文、肖凡、陈贺、王富兰、王帅。

引　　言

　　为促进新疆哈萨克特色乳制品产业发展，规范生产工艺，提升哈萨克特色乳制品品质，保证食品安全，根据修订后的《新疆维吾尔自治区奶业条例》《乳品质量安全监督管理条例》，以团体标准形式指导哈萨克特色乳制品——酸马乳的生产。

　　新疆维吾尔自治区奶业协会颁布《哈萨克特色乳制品　酸马乳》（新奶协发〔2021〕11号）。

1　范围

　　本标准规定了酸马乳的术语与定义、技术要求、检验规则。

2　规范性引用文件

　　下列文件对于本文件的应用是必不可少的。凡是注日期的引用文件，仅注日期的版本适用于本文件。凡是不注日期的引用文件，其最新版本（包括所有的修改单）适用于本文件。

GB 2760　食品安全国家标准　食品添加剂使用标准

GB 2761　食品安全国家标准　食品中真菌毒素限量

GB 2762　食品安全国家标准　食品中污染物限量

GB 2763　食品安全国家标准　食品中农药最大残留限量

GB 4789.1　食品安全国家标准　食品微生物学检验　总则

GB 4789.3　食品安全国家标准　食品微生物学检验　大肠菌群计数

GB 4789.4　食品安全国家标准　食品微生物学检验　沙门氏菌检验

GB 4789.10　食品安全国家标准　食品微生物学检验　金黄色葡萄球菌检验

GB 4789.15　食品安全国家标准　食品微生物学检验　霉菌和酵母计数

GB 4789.18　食品安全国家标准　食品微生物学检验　乳与乳制品

GB 4789.35　食品安全国家标准　食品微生物学检验　乳酸菌检验

GB 5009.5　食品安全国家标准　食品中蛋白质的测定

GB 5009.6　食品安全国家标准　食品中脂肪的测定

GB 5009.225　食品安全国家标准　酒中乙醇浓度的测定

GB 5009.239　食品安全国家标准　食品酸度的测定

GB 5413.39　食品安全国家标准　乳和乳制品中非脂乳固体的测定

GB 14880　食品安全国家标准　食品营养强化剂使用标准

GB 31650　食品安全国家标准　食品中兽药最大残留限量

JJF 1070　定量包装商品净含量计量检验规则

国家质量监督检验检疫总局令第 75 号（2005）《定量包装商品计量监督管理办法》

3　术语与定义

下列术语和定义适用于本文件。

3.1　酸马乳

以生马乳为原料，经净乳、杀菌、接种、发酵后制成的 pH 值降低的特色乳制品。

4　技术要求

4.1　感官要求

感官要求及试验方法应符合表 1 的规定。

表1　感官要求及试验方法

项目	指标	试验方法
色泽	色泽均匀一致，呈乳白色或淡青色	取适量试样置于50 mL烧杯中，在自然光下观察色泽和组织状态。室温下闻其气味。用温开水漱口，取少许样品品尝滋味
气味和滋味	纯正乳香味，具有酸马乳特有的酸爽滋味，无异味	
组织状态	呈液态，允许有絮状或颗粒状凝块，无正常视力可见外来杂质	

4.2　理化指标及试验方法

理化指标及试验方法应符合表2的规定。

表2　理化指标及试验方法

项目		指标	试验方法
蛋白质/（g/100 g）	≥	1.6	GB 5009.5
脂肪/（g/100 g）	≥	0.8	GB 5009.6
非脂乳固体/（g/100 g）	≥	7.8	GB 5413.39
酸度/°T	≥	80.0	GB 5009.239
酒精度/（%vol）		0.5~2.5	GB 5009.225

4.3　污染物限量

应符合GB 2762的规定。

4.4　真菌毒素限量

应符合GB 2761的规定。

4.5　农药残留限量和兽药残留限量

4.5.1　农药残留

应符合GB 2763的规定。

4.5.2　兽药残留量

应符合GB 31650的规定。

4.6　食品添加剂和营养强化剂

4.6.1　食品添加剂和营养强化剂质量应符合相应的安全标准和有关规定。

4.6.2　食品添加剂和营养强化剂的使用应符合GB 2760和GB 14880的规定。

4.7　微生物指标及试验方法

微生物指标及试验方法应符合表3的规定。

表3　微生物指标及试验方法

项目	采样方案[a]及限量（若非指定，均以 CFU/g 或 CFU/mL 表示）				检验方法
	n	c	m	M	
大肠菌群	5	2	1	5	GB 4789.3 平板计数法
金黄色葡萄球菌	5	0	0/25 g（mL）	—	GB 4789.10 定性检验
沙门氏菌	5	0	0/25 g（mL）	—	GB 4789.4
霉菌　≤	50				GB 4789.15
[a]样品的分析及处理按 GB 4789.1 和 GB 4789.18 执行					

4.8　乳酸菌数及试验方法

乳酸菌数及试验方法应符合表4的规定。

表4　乳酸菌数及试验方法

项目	指标	试验方法
乳酸菌数/〔CFU/g（mL）〕　≥	1×10^6	GB 4789.35

4.9　净含量

应符合国家质量监督检验检疫总局令第75号（2005）《定量包装商品计量监督管理办法》的规定。试验方法按 JJF1070 规定进行。

5　检验规则

5.1　组批

以同一品种的原料、同一次投料、同一配方、同一工艺生产的产品为一批，最大批量不得超过班产量。

5.2　抽样

5.2.1　出厂检验的样本应从每批产品中随机抽取不少于1 L（不小于6个最小包装单位，用于净含量检验的样本另计）。

5.2.2　型式检验的样本应从出厂检验合格的产品中随机抽取不少于2 L（不小于12个最小包装单位，用于净含量检验的样本另计），分为2份，一份检测，一份备检。

5.3　检验分类

5.3.1　出厂检验

5.3.1.1　每批产品应按本标准检验，检验合格并附合格证明方可出厂。

5.3.1.2　出厂检验项目为感官、水分、菌落总数、大肠菌群、净含量。

5.3.2　型式检验

5.3.2.1　型式检验为本标准规定 4.1、4.2、4.3、4.4、4.5、4.6、4.7、4.8、4.9 的全部项目。

5.3.2.2　正常情况下每半年进行一次，发生下列情况之一时也应进行：

　　a）原辅料来源、工艺有较大改变并可能影响产品质量时；

　　b）停产 6 个月以上恢复生产时；

　　c）本次检验结果与上次型式检验有较大差异时；

　　d）国家质量监督部门提出要求时。

5.4　判定规则

5.4.1　产品经检验，检验项目指标全部符合本标准规定，则判定该批次产品为合格批或该次型式检验结论为"合格"。

5.4.2　除微生物指标外，检验项目指标如有不符合本标准要求时，可加倍抽取样本或用备检样本对不合 格项目进行复检，若结果符合标准时，则判定该产品为合格产品，若仍有一项不符合时，则判定为不合格。

5.4.3　微生物指标不符合本标准要求时，不允许复检，则判定该批产品为不合格批或该次型式检验结论为"不合格"。

第四章　新疆马乳生产技术规范

【地方标准】

伊犁马（乳用型）种马
Breeding horse of Yili horse
（dairy type）

标准号：DB65/T 4272—2019

发布日期：2020-06-01　　　　　　　　　实施日期：2020-07-01

发布单位：新疆维吾尔自治区市场监督管理局

前　　言

本标准依据 GB/T 1.1—2009《标准化工作导则　第 1 部分：标准的结构和编写》的要求编写。

本标准由新疆维吾尔自治区畜牧兽医局提出并行业归口。

本标准由新疆维吾尔自治区畜牧业标准化技术委员会技术归口。

本标准主要起草单位：新疆农业大学。

本标准主要起草人：刘武军、王建文、姚新奎、王旭光、刘玲玲、李林玲、张亚昂、曾亚琦、孔麒森、闫睛。

本标准实施应用中的疑问，请咨询新疆农业大学。

对本标准的修改意见建议，请反馈至新疆维吾尔自治区市场监督管理局（乌鲁木齐市新华南路 167 号）、新疆维吾尔自治区畜牧业标准化委员会（乌鲁木齐市新华南路 408 号）、新疆农业大学（乌鲁木齐市农大东路 311 号）。

新疆维吾尔自治区市场监督管理局　联系电话：0991-2817197；传真：0991-23311250；邮编：830004

新疆维吾尔自治区畜牧业标准化委员会　联系电话：0991-8568308；传

真：0991-8568940；邮编：830004

新疆农业大学　联系电话：0991-8763453；传真：0991-8763453；邮编：830052

1　范围

本标准规定了伊犁马（乳用型）种马的术语和定义、生产性能、等级鉴定及评定的要求。

本标准适用于伊犁马（乳用型）种马的鉴定和等级评定。

2　规范性引用文件

下列文件对于本文件的应用是必不可少的。凡是注日期的引用文件，仅所注日期的版本适用于本文件。凡是不注日期的引用文件，其最新版本（包括所有的修改单）适用于本文件。

NY/T 2831　伊犁马

DB65/T 3653　伊犁马（乳用型）选育技术规程

DB65/T 3654　伊犁马（乳用型）生产性能测定技术规程

DB65/T 3806　乳用马体质外貌评定技术规程

3　术语和定义

下列术语和定义适用本文件。

3.1　乳房围 breast circumference

指母马乳房的最大周径。

3.2　伊犁马（乳用型）　yili horse（dairy type）

主要从事马奶生产的伊犁马。

4　生产性能

4.1　体尺

成年伊犁马（乳用型）公马体高达到146 cm，母马体高达到143 cm（表1）。

表1　成年伊犁马（乳用型）体尺平均值

性别	体高/cm	胸围/cm	管围/cm	乳房围/cm
公马	146	171	18.5	—
母马	143	166	18.0	45

4.2　繁殖性能

公马睾丸发育正常，性欲旺盛，精液品质良好。母马初配年龄为 3~4 岁，乳房发育正常，哺乳性能良好，母性强。受胎率不低于 70%。

4.3　乳用性能

平均日产奶量达到 6 kg，150 d 泌乳量不低于 900 kg，非脂固形物含量达到 8.5%。

5　等级鉴定及评定

5.1　种公马

用于生产的伊犁马（乳用型）种公马须系谱完整、来源清晰，符合 NY/T 2831 相关要求，其综合评定须达到一级及以上。

5.2　种母马

用于生产的伊犁马（乳用型）种母马须系谱完整、来源清晰，符合 NY/T 2831 相关要求，其综合评定须达到二级及以上。

5.3　等级评定

5.3.1　血统等级

根据种马卡片及有关记录材料，查清其血统来源后对其进行血统等级评定。血统等级评定见表2。

表 2　血统等级评定

父	母		
	特级	一级	二级
特级	特级	特级	一级
一级	一级	一级	一级

5.3.2　外貌等级

评定方法按 DB65/T 3806 执行，外貌等级评定见表3。

表 3　外貌等级评定

性别	等级		
	特级	一级	二级
公马	85 分	80 分	75 分
母马	80 分	75 分	70 分

5.3.3 体尺等级

体尺测量按 NY/T 2831 执行，体尺等级评定见表 4。

表 4 体尺等级评定

等级	公马			母马			
	体高/cm	胸围/cm	管围/cm	体高/cm	胸围/cm	管围/cm	乳房围/cm
特级	150	177	19.0	147	172	18.5	49
一级	148	174	19.0	145	169	18.5	47
二级	146	171	18.5	143	166	18.0	45

5.3.4 泌乳性能等级

公马后代泌乳性能根据后裔评定结果进行等级评定；母马泌乳性能根据其个体的平均日产奶量和非脂固形物含量测定结果进行评定。种马等级评定规定马乳非脂固形物含量不低于 8.5%。产奶量测定按 DB65/T 3654 执行。泌乳性能等级评定参照 DB65/T 3653 执行。

5.3.5 后裔等级

公马须有 15 匹以上后代，母马须有 3 匹以上后代。在正常饲养管理情况下，按下列原则评定等级：

a）后代中 85% 以上为特级者评为特级；

b）后代中 70% 以上为一级，部分测定指标略高于二级等级的可评为一级；

c）后代中 60% 以上为二级者评为二级。

5.3.6 综合评定

成年马根据泌乳性能等级、后裔等级、血统等级、体尺等级、外貌等级 5 项进行等级评定，分为特级、一级、二级 3 个等级。如无后裔等级资料，可按其他 4 项评定等级。公马不到一级，母马不到二级，不作种用。综合等级评定见表 5。

表 5 综合等级评定

评定项目	特级	一级	二级
泌乳性能等级	特级	≥一级	≥二级
后裔等级	特级	≥一级	≥二级
血统等级	≥一级	≥二级	≥二级

（续表）

评定项目	特级	一级	二级
体尺等级	≥一级	≥二级	≥二级
外貌等级	≥一级	≥二级	≥二级
注：如有分歧，可根据泌乳性能等级酌情确定种马的最后等级			

【地方标准】

伊吾马
Yiwu horse

标准号：DB65/T 4241—2019
发布日期：2019-07-01　　　　　　　　　实施日期：2019-08-01
发布单位：新疆维吾尔自治区市场监督管理局

前　　言

本标准根据 GB/T 1.1—2009《标准化工作导则　第 1 部分：标准的结构和编写》相关要求制定。

本标准由新疆维吾尔自治区畜牧总站提出。

本标准由新疆维吾尔自治区畜牧兽医局归口并组织实施。

本标准由新疆维吾尔自治区畜牧总站、哈密市畜牧工作站起草。

本标准主要起草人：耿娟、卫新璞、黄浩、张磊、程松峰、陈军、程黎明、邓强、罗生金、曾黎、阿不拉·索巴、邓晓峰、乔春华、田晓阳。

本标准实施应用中的疑问，请咨询新疆维吾尔自治区畜牧兽医局、新疆维吾尔自治区畜牧总站、哈密市畜牧工作站。

对本标准的修改意见建议，请反馈至新疆维吾尔自治区市场监督管理局（乌鲁木齐市新华南路 167 号）、新疆维吾尔自治区畜牧兽医局（乌鲁木齐市新华南路 408 号）、新疆维吾尔自治区畜牧总站（乌鲁木齐市新华南路 408 号）、哈密市畜牧工作站（哈密市伊州区八一南路 46 号）。

新疆维吾尔自治区市场监督管理局　联系电话：0991-2817197；传真 0991-2311250；邮编：830004

新疆维吾尔自治区畜牧兽医局　联系电话：0991-8568308；传真 0991-8568940；邮编：830004

新疆维吾尔自治区畜牧总站　联系电话：0991-8560180；传真 0991-8560569；邮编：830004

哈密市畜牧工作站　联系电话：0902-2316167；传真 0902-2323719；邮编：839000

1　范围

本标准规定了伊吾马的品种及种马等级评定的要求。

本标准适用于伊吾马的品种鉴定和等级评定。

2　品种

2.1　品种特性

伊吾马是伊犁马与哈萨克马杂交而成的、乘挽驮兼用型的培育品种。主产于新疆伊吾县境内的伊吾军马场，少量分布于新疆巴里坤县。

2.2　外貌特征

伊吾马体躯粗壮，体型方正，体质结实，略显粗糙；适应性强，有气质，有悍威；头中等大，多直头，眼较大，耳短立灵活；颈中等长，少倾斜，颈肩结合良好；鬐甲高长适中较厚，背腰宽而直，胸宽深适中，腹形良好，尻中等长，较宽稍斜，四肢结实，关节轮廓明显；前肢肢势正，后肢多呈刀状，蹄质坚实，大小适中；毛色以骝、黑为主，少有栗色。

2.3　体尺体重

2.3.1　体尺

成年一级伊吾马体尺见表1。

表1　成年一级伊吾马体尺

性别	匹数/匹	体高/cm	体长/cm	胸围/cm	管围/cm
公马	9	140	147	169	18.5
母马	11	134	142	164	17
注：表中数值均为下限值					

2.3.2　体重

成年一级公马下限体重为370 kg；成年一级母马下限体重为345 kg。

2.4　生产性能

2.4.1　运动性能

运动性能如下：

a）1 km骑乘速跑平均用时：公马1 min 30 s，母马1 min 35 s；

b）3 km骑乘速跑平均用时：公马5 min 03 s，母马5 min 12 s；

c）5 km骑乘速跑平均用时：公马7 min 46 s，母马8 min 00 s；

d）10 km骑乘速跑平均用时：公马15 min 55 s，母马16 min 18 s。

2.4.2　役用性能

役用性能如下：

a）驮载100 kg、行程25 km平均用时：公马1 h 23 min 42 s，母马1 h 26

min 35 s；

　　b）驮载 120 kg、行程 25 km 平均用时：公马 1 h 26 min 49 s，母马 1 h 31 min 32 s；

　　c）驮载 100 kg、行程 50 km 平均用时：公马 3 h 44 min 10 s，母马 3 h 59 min 28 s。

2.4.3　产肉性能

　　成年伊吾马公马胴体重 172 kg，屠宰率 47%；母马胴体重 151 kg，屠宰率 44%。

2.4.4　繁殖性能

　　公马性成熟年龄 1.5~2.5 岁，初配年龄 3~4 岁。母马性成熟年龄 1.5~2 岁左右，初配年龄 2.5~3.5 岁，适配年龄 3~16 岁。自然交配的平均受胎率不低于 80%。

3　种马等级评定

3.1　种公马

　　用于生产的种公马须系谱完整、来源清晰，其综合评定须达到一级及以上，性欲旺盛，精液品质良好。

3.2　种母马

　　用于生产的种母马须系谱完整、来源清晰，其综合评定须达到二级及以上，生产性能良好，乳房发育正常，哺乳性能良好，母性强。

3.3　等级评定

3.3.1　血统等级

　　根据种马卡片或有关记录材料，查清其血统来源后对其进行血统等级评定。血统等级评定见表 2。

表 2　血统等级评定

父	母		
	特级	一级	二级
特级	特级	特级	一级
一级	一级	一级	一级

3.3.2　外貌等级

　　外貌等级评定见表 3，评定方法见附录 A。

表3　外貌等级评定

性别	等级		
	特级	一级	二级
公马	8	7	6
母马	7	6	5

3.3.3　体尺等级

体尺等级评定见表4。

表4　体尺等级评定

等级	公马			母马		
	体高/cm	胸围/cm	管围/cm	体高/cm	胸围/cm	管围/cm
特级	144	176	19	138	170	17.5
一级	140	169	18.5	134	164	17
二级	136	162	18	130	158	16.5
注：表中数值均为下限值						

3.3.4　体重等级

体重等级评定见表5。

表5　体重等级评定

性别	特级	一级	二级
公马（kg）	405	370	335
母马（kg）	380	345	310
注：表中数值均为下限值			

3.3.5　后裔等级

公马后代不少于15匹，母马至少有3匹后代。在正常饲养管理情况下，按下列原则评定等级：

a）后代中85%以上为特级者评为特级；

b）后代中70%以上为一级或部分为二级者评为一级；

c）后代中60%以上为二级者评为二级。

3.3.6　综合评定

成年马根据体重等级、后裔等级、血统等级、体尺等级、外貌等级5项进行等级评定，分为特级、一级、二级 3 个等级。如无后裔等级资料，可按其他 4 项评定等级。公马不到一级，母马不到二级，不作种用。如有分歧，可根据体重等级酌情确定种马的最后等级。

综合等级评定见表 6。

表 6　综合等级评定

评定项目	特级	一级	二级
体重等级	特级	一级	二级
后裔等级	特级	一级	二级
血统等级	一级	二级	二级
体尺等级	一级	二级	二级
外貌等级	一级	二级	二级

附录 A
（规范性附录）
伊吾马种马外貌鉴定评分

表 A　伊吾马种马外貌鉴定评分

组别	评分项目与要求					
	头颈躯干		四肢		体型结构与体质	
	表现	评分	表现	评分	表现	评分
理想型表现（满分 10 分）	头中等大，多直头；颈中等长，少倾斜，颈肩结合良好；鬐甲高长适中较厚，背腰宽而直；胸宽深适中，腹形良好，尻中等长，较宽稍斜；体躯粗壮		四肢结实，关节轮廓明显；前肢肢势正；后肢多呈刀状；蹄质坚实，大小适中；无失格损征		体型方正；适应性强；有气质，有悍威；体质结实，略显粗糙；无失格损征	
评分原则	上述各部分出现一处不符合规定扣 1 分，各部位出现一处重大损征和失格扣 2 分		上述各部分出现一处不符合规定扣 1 分，各部位出现一处重大损征和失格扣 2 分		上述各部分出现一处不符合规定扣 1 分，各部位出现一处重大损征和失格扣 2 分	
平均值						

【地方标准】

哈萨克马
Kazak horse

标准号：DB65/T 1325—2021
发布日期：2021-10-26　　　　　　　　实施日期：2022-01-01
发布单位：新疆维吾尔自治区市场监督管理局

前　言

本文件按照 GB/T 1.1—2020《标准化工作导则　第1部分：标准化文件的结构和起草规则》的规定起草。

本文件代替新 Q/ 1325—1986《哈萨克马》，与新 Q/1325—1986 相比，主要技术变化如下：

　　——增加了规范性引用文件（见第2章）
　　——增加了术语和定义（见第3章）；
　　——修改了哈萨克马的定义（见4.1）；
　　——增加了哈萨克马品种产地（见4.2）；
　　——修改了哈萨克马体尺（见4.4.1）；
　　——修改了哈萨克马体重（4.4.2）；
　　——删除了"挽力、速力、驮力、持久力"（1986年版1.4.1）；
　　——增加了"产乳性能"（见5.1）；
　　——增加了"产肉性能"（见5.2）；
　　——增加了"耐力性能"（见第6章）；
　　——增加了哈萨克马个体图片（见附录A）；
　　——增加了生产性能评分（见附录B）。

本文件由新疆维吾尔自治区畜牧兽医局提出。

本文件由新疆维吾尔自治区畜牧业标准化技术委员会技术归口。

本文件主要起草单位：新疆维吾尔自治区畜牧总站、阿勒泰地区畜牧工作站、塔城地区畜牧科技研究推广中心、伊犁哈萨克自治州畜牧总站、新疆农业大学、昭苏县畜牧兽医局、新疆畜牧科学院。

本文件主要起草人：解晓钰、阿布力米提·玉素甫、杜拉提·卡衣马尔旦、程黎明、罗鹏辉、李冬燕、毋状元、周军、岳涛、范守民、徐文慧、褚洪忠、梁春明、阿达力·卡买尔、古丽巴合提·达吾列提汗。

本文件实施应用中的疑问，请咨询新疆维吾尔自治区畜牧兽医局、新疆维吾尔自治区畜牧总站、阿勒泰地区畜牧工作站、塔城地区畜牧科技研究推广中心、伊犁哈萨克自治州畜牧总站、新疆农业大学、昭苏县畜牧兽医局。

对本文件的修改意见建议，请反馈至新疆维吾尔自治区畜牧兽医局（乌鲁木齐市新华南路 408 号）、新疆维吾尔自治区畜牧总站（乌鲁木齐市新华南路 408 号）、阿勒泰地区畜牧工作站（阿勒泰市解放路 24 号）、塔城地区畜牧科技研究推广中心（塔城市宏图街 54 号）、伊犁哈萨克自治州畜牧总站（伊宁市 阿哈买提江路 172 号）、新疆农业大学（乌鲁木齐市农大东路 311 号）、昭苏县畜牧兽医局（昭苏县乌孙 路 84 号）、新疆维吾尔自治区市场监督管理局（乌鲁木齐市新华南路 167 号）。

新疆维吾尔自治区畜牧兽医局　联系电话：0991－8568089；传真：0991－8527722；邮编：830004

新疆维吾尔自治区畜牧总站　联系电话：0991－8560306；传真：0991－8560569；邮编：830004

阿勒泰地区畜牧工作站　联系电话：0906－2112622；传真：0906－2133730；邮编：836599

塔城地区畜牧科技研究推广中心　联系电话：0901－6267246；传真：0901－6267246；邮编：834700

伊犁哈萨克自治州畜牧总站　联系电话：0999－8210017；传真：0999－8210017；邮编：835000

新疆农业大学　联系电话：0991－8763453；传真：0991－8763453；邮编：830052

昭苏县畜牧兽医局　联系电话：0999－6022339；传真：0999－6029359；邮编：835600

新疆维吾尔自治区市场监督管理局　联系电话：0991－2818750；传真：0991－2311250；邮编：830004

1　范围

本文件规定了哈萨克马的品种特征、生产性能、耐力性能、繁殖性能、等级评定的基本要求。本文件适用于哈萨克马的品种鉴别和等级评定。

2　规范性引用文件

本文件没有规范性引用文件。

3 术语和定义

本文件没有需要界定的术语和定义。

4 品种特征

4.1 类型
在粗放的群牧条件下形成的原始地方品种。

4.2 产地
产于天山北坡、准噶尔西部山区和阿尔泰山西段一带，中心产区在伊犁哈萨克自治州各县市、塔城地区和阿勒泰地区。

4.3 外貌特征
体格中等，结构匀称，体型粗圆、躯干略显长、体质粗糙结实。头中等大小，略显粗重，下额发达。颈直、中等厚薄、颈础稍低，颈肩结合尚好。鬐甲中等高，短厚。背腰平直，尻宽中等、胸宽而深，腹型略显粗壮，尾短而斜。四肢结实端正，关节明显，蹄质坚实。毛色种类丰富，主要为骝毛、栗毛、黑毛、青毛，其他毛色较少，见附录 A。

4.4 体尺体重

4.4.1 体尺
哈萨克马成年体尺平均值见表 1。

表 1　哈萨克马成年体尺平均值

性别	体高/cm	胸围/cm	管围/cm
公马	138	168	18
母马	134	163	17

4.4.2 体重
成年公马体重平均为 350~400 kg，成年母马体重平均为 320~360 kg。

5 生产性能

5.1 产乳性能
繁殖母马泌乳期为 150 d，平均日产奶量 2.5~4 kg。

5.2 产肉性能
在一般放牧条件下，中等膘度马匹屠宰率：成年公马平均胴体重为 195 kg，平均屠宰率为 51%，平均净肉率为 39%。成年母马平均胴体重为 167 kg，平均屠宰率为 49%，平均净肉率为 37%。

6　耐力性能

5 km 骑乘用时（平均值）：公马 8 min 20 s。

10 km 骑乘用时（平均值）：公马 15 min 44 s。

25 km 骑乘用时（平均值）：公马 42 min 38 s。

7　繁殖性能

公马性成熟年龄 2~3 岁，初配年龄宜 4 岁后；母马性成熟年龄 1.5~2.5 岁，初配年龄宜 3 岁后，适配年龄 3~15 岁。

8　等级评定

成年马根据血统、体尺、外貌、生产性能、后裔品质等 5 项进行等级评定，评定分为特级、一级、二级 3 个等级，见表 2。

表 2　哈萨克马等级综合评定

鉴定项目	特级		一级		二级	
	公马	母马	公马	母马	公马	母马
血统	8	7	6	5	4	3
体尺	8	7	6	5	4	3
外貌	8	7	6	5	4	3
生产性能	8	7	6	5	4	3
后裔品质	8	7	6	5	4	3
注1：表内各项按最低一项评分确定等级。 注2：5 个鉴定项目中，有 4 项符合等级评定标准，有 1 项较标准差 1 分时，准许加 1 分评定等级，其原分不变，并在备注栏写明，但达不到二级的马，不做这种加分评级，详见附录 B。						

附录 A
（资料性）
哈萨克马

A.1 哈萨克马公马见图 A.1。

图 A.1 成年哈萨克马公马

A.2 哈萨克马母马见图 A.2。

图 A.2 成年哈萨克马母马

附录 B
（资料性）
哈萨克马等级评定

B.1　单项评定

B.1.1　血统评分

血统评分以父母三代系谱的等级记载为依据，如无系谱记载，可依其父母表现评定等级。评分原则见表 B.1。

表 B.1　血统评分表

项目	父亲特级		父亲一级		父亲二级	
	公马	母马	公马	母马	公马	母马
母亲特级	10	9	9	8	8	7
母亲一级	9	8	7	6	6	5
母亲二级	8	7	6	5	5	4

B.1.2　体尺评分

B.1.2.1　成年马体尺评分

见表 B.2。

表 B.2　成年马体尺评分

公马			母马			评分
体高/cm	胸围/cm	管围/cm	体高/cm	胸围/cm	管围/cm	
145	175	19.1	139	163	17.8	10
143	173	18.8	137	161	17.5	9
141	171	18.6	135	159	17.2	8
139	168	18.3	133	156	17.0	7
137	166	18.0	131	154	16.7	6
135	163	17.8	129	151	16.5	5
133	161	17.5	127	149	16.2	4

（续表）

公马			母马			评分
体高/cm	胸围/cm	管围/cm	体高/cm	胸围/cm	管围/cm	
131	159	17.2	125	146	15.9	3
注：表中所给体尺为对应评分的最低值，以其中最低评分为体尺评分						

B.1.2.2 未成年马体尺评分

未成年马体尺评分按表 B.3 所列指标与实测体尺相加后再按表 B.2 进行评分。

表 B.3 未成年马评分增加体尺数增值

年龄/岁	体高/cm	胸围/cm	管围/cm
4	2	4	
3.5	3	7	0.5
3	5	11	0.5
2.5	7	15	1
2	9	20	1.5

外貌评分项目分为体型结构与体质、头颈躯干、四肢 3 项，见表 B.4。

表 B.4 外貌评分

组别	评分项目与指标					
	体型结构与体质		头颈躯干		四肢	
	表现	评分	表现	评分	表现	评分
第一项	品种特征明显，结构匀称		头中等大，正头，干燥，可稍重，眼大，耳立		肢势端正，后肢稍有外向，四肢结实	
第二项	体质结实，略显干燥和粗糙		颈中等长，稍斜，颈础适中		管及关节良好	
第三项	体况良好		鬐甲高长、中等，背腰直宽，中等长		正系，长适中，强有力	
第四项	性情温驯，有悍威		胸廓深广适中，腹形正常		正蹄、蹄质坚实，大小适中	

（续表）

组别	评分项目与指标					
	体型结构与体质		头颈躯干		四肢	
	表现	评分	表现	评分	表现	评分
第五项	无失损特征		尻宽适中，稍斜		筋腱，韧带结实	
各级评分						
总评分						

注：各部位鉴定结果，概括为良好、中等、不良三类。良好给2分，中等给1分，不良给0分；五项给分相加，得出各组评分；三组中，两组分数，公马在8分以上，母马在7分以上，而其余一组分数差1分不能升级者，则在总分上加1分而升级

B.1.3　生产性能评分

根据哈萨克马在一个泌乳期的平均日产奶量进行评分，见表B.5。

表 B.5　产乳性能评分

产奶量/kg	5	4.5	4	3.5	3	2.5
评分	10	9	8	7	6	5

B.1.4　后裔品质评分

公马后代不少于15匹，母马后代至少有3匹，在正常饲养管理情况下，按下列标准评分：

a）后代中主要为特、一级者给8~10分；

b）后代中主要为一级或部分为二级者给6~7分；

c）后代中60%以上为二级者给3~5分。

【地方标准】

巴里坤马
Balikun horse

标准号：DB65/T 4240—2019
发布日期：2019-07-01　　　　　　　　实施日期：2019-08-01
发布单位：新疆维吾尔自治区市场监督管理局

前　　言

本标准根据 GB/T 1.1—2009《标准化工作导则第 1 部分：标准的结构和编写》相关要求制定。

本标准由新疆维吾尔自治区畜牧总站提出。

本标准由新疆维吾尔自治区畜牧兽医局归口并组织实施。

本标准由新疆维吾尔自治区畜牧总站、哈密市畜牧工作站起草。

本标准主要起草人：卫新璞、耿娟、黄浩、张磊、程松峰、程黎明、陈军、罗生金、曾黎、阿不拉·索巴、邓强、邓晓峰、乔春华。

本标准实施应用中的疑问，请咨询新疆维吾尔自治区畜牧兽医局、新疆维吾尔自治区畜牧总站、哈密市畜牧工作站。

对本标准的修改意见建议，请反馈至新疆维吾尔自治区市场监督管理局（乌鲁木齐市新华南路 167 号）、新疆维吾尔自治区畜牧兽医局（乌鲁木齐市新华南路 408 号）、新疆维吾尔自治区畜牧总站（乌鲁木齐市新华南路 408 号）、哈密市畜牧工作站（哈密市伊州区八一南路 46 号）。

新疆维吾尔自治区市场监督管理局　联系电话：0991-2817197；传真0991-2311250；邮编：830004

新疆维吾尔自治区畜牧兽医局　联系电话：0991-8568308；传真 0991-8568940；邮编：830004

新疆维吾尔自治区畜牧总站　联系电话：0991-8560180；传真 0991-8560569；邮编：830004

哈密市畜牧工作站　联系电话：0902-2316167；传真 0902-2323719；邮编：839000

1　范围

本标准规定了巴里坤马的品种及种马等级评定的要求。

本标准适用于巴里坤马的品种鉴定和等级评定。

2 品种

2.1 品种特性

巴里坤马是乘挽兼用型的地方原始品种马，主产于新疆巴里坤县。

2.2 外貌特征

巴里坤马体型较小，结构协调，略呈方形；适应性强，有气质，有悍威，体躯粗壮结实；头较粗重，颈粗壮；鬐甲宽而低，背腰平直，胸宽而深，前胸发育良好，尻短而斜；四肢粗壮，关节强大，筋腱发育良好，前肢肢势正，后肢多呈刀状，蹄质坚实，大小适中；毛色为骝毛、栗毛、青毛、花毛。

2.3 体尺体重

2.3.1 体尺

成年一级巴里坤马体尺见表1。

表1 成年一级巴里坤马体尺

性别	匹数/匹	体高/cm	体长/cm	胸围/cm	管围/cm
公马	25	134	140	162	18.5
母马	44	130	137	156	17
注：表中数值均为下限值。					

2.3.2 体重

成年一级公马体重下限为325 kg；成年一级母马体重下限为300 kg。

2.4 生产性能

2.4.1 运动性能

运动性能如下：

a）1km 骑乘速跑用时（平均值）：公马 1 min 32 s，母马 1 min 40 s；

b）3 km 骑乘速跑用时（平均值）：公马 5 min 12 s，母马 5 min 20 s；

c）5 km 骑乘速跑用时（平均值）：公马 7 min 52 s，母马 8 min 05 s；

d）10 km 骑乘速跑用时（平均值）：公马 16 min 10 s，母马 16 min 30 s。

2.4.2 产肉性能

成年巴里坤马公马胴体重148 kg，屠宰率46%；母马胴体重130 kg，屠宰率44%。

2.4.3 繁殖性能

公马性成熟年龄2~2.5岁，初配年龄3~4岁。母马性成熟年龄2岁左右，初配年龄 2.5～3.5 岁，适配年龄 3～16 岁。自然交配的平均受胎率不低于 80%。

3 种马等级评定

3.1 种公马

用于生产的种公马须系谱完整、来源清晰，其综合评定须达到一级及以上，性欲旺盛，精液品质良好。

3.2 种母马

用于生产的种母马须系谱完整、来源清晰，其综合评定须达到二级及以上，生产性能良好，乳房发育正常，哺乳性能良好，母性强。

3.3 等级评定

3.3.1 血统等级

根据种马卡片或有关记录材料，查清其血统来源后对其进行血统等级评定。血统等级评定见表2。

表2　血统等级评定表

父	母		
	特级	一级	二级
特级	特级	特级	一级
一级	一级	一级	一级

3.3.2 外貌等级

外貌等级评定见表3，评定方法见附录A。

表3　外貌等级评定表

性别	等级		
	特级	一级	二级
公马	8	7	6
母马	7	6	5

3.3.3 体尺等级

体尺等级评定见表4。

表 4　体尺等级评定表

等级	公马			母马		
	体高/cm	胸围/cm	管围/cm	体高/cm	胸围/cm	管围/cm
特级	138	170	19	133	162	17.5
一级	134	162	18.5	130	156	17
二级	130	156	18	127	150	16.5
注：表中数值均为其下限值。						

3.3.4　体重等级

体重等级评定见表 5。

表 5　体重等级评定表

性别	特级	一级	二级
公马	360 kg	325 kg	290 kg
母马	335 kg	300 kg	265 kg
注：表中数值均为其下限值。			

3.3.5　后裔等级

公马后代不少于 15 匹，母马至少有 3 匹后代。在正常饲养管理情况下，按下列原则评定等级：

a）后代中 85% 以上为特级者评为特级；

b）后代中 70% 以上为一级或部分为二级者评为一级；

c）后代中 60% 以上为二级者评为二级。

3.3.6　综合评定

成年马根据体重等级、后裔等级、血统等级、体尺等级、外貌等级 5 项进行等级评定，分为特级、一级、二级 3 个等级。如无后裔等级资料，可按其他 4 项评定等级。公马不到一级，母马不到二级，不作种用。如有分歧，可根据体重等级酌情确定种马的最后等级。

综合等级评定见表 6。

表 6　综合等级评定表

评定项目	特级	一级	二级
体重等级	特级	一级	二级

（续表）

评定项目	特级	一级	二级
后裔等级	特级	一级	二级
血统等级	一级	二级	二级
体尺等级	一级	二级	二级
外貌等级	一级	二级	二级

附录 A
（规范性附录）
巴里坤马种马外貌鉴定评分

表 A.1　巴里坤马种马外貌鉴定评分表

组别	评分项目与要求					
	头颈躯干		四肢		体型结构与体质	
	表现	评分	表现	评分	表现	评分
理想型表现（满分10分）	头较粗重；颈粗壮；鬐甲宽而低，背腰平直；胸宽而深，前胸发育良好；尻短而斜，体躯粗壮结实		四肢粗壮，关节强大；筋腱发育良好；前肢肢势正；后肢多呈刀状；体质结实，大小适中		体型较小；结构协调，略呈方形；适应性强；有气质，有悍威；无失格损征	
评分原则	上述各部分出现一处不符合规定扣1分，各部位出现一处重大损征和失格扣2分		上述各部分出现一处不符合规定扣1分，各部位出现一处重大损征和失格扣2分		上述各部分出现一处不符合规定扣1分，各部位出现一处重大损征和失格扣2分	
平均值						

【地方标准】

柯尔克孜马
Kyrgyz horse

标准号：DB65/T 3749—2015
发布日期：2015-08-10　　　　　　　　实施日期：2015-10-01
发布单位：新疆维吾尔自治区市场监督管理局

前　　言

本标准按 GB/T 1.1—2009《标准化工作导则　第 1 部分：标准的结构和编写》的规则编制。

本标准由新疆维吾尔自治区畜牧厅提出。

本标准由新疆维吾尔自治区畜牧厅归口。

本标准起草单位：新疆农业大学、克孜勒苏柯尔克孜自治州畜牧兽医局、克孜勒苏柯尔克孜自治州 畜禽繁育改良站。

本标准主要起草人：姚新奎、买买提吐尔干·库瓦西、蒙永刚、杨文科、努尔江、刘武军、孟军、刘佳、李智军、牙生江·那斯尔、加沙来提·阿布都。

1　范围

本标准规定了柯尔克孜马的术语和定义、品种特征、生产性能和等级标准的要求。

本标准适用于柯尔克孜马的品种鉴定和等级评定。

2　术语和定义

下列术语和定义适用于本文件。

2.1　日泌乳量 daily milk yield

泌乳母马在正常泌乳后（150 d 内）1 d 所产的奶量。

3　品种特征

3.1　品种来源

柯尔克孜马是古老原始品种，中心产区为乌恰县，主要分布在新疆西南部的天山、昆仑山和帕米尔 高原高山牧区。

3.2　品种特性

主要是以高原骑乘为主，兼顾乳肉生产。对恶劣的高寒生态条件具有很强的适应性。

3.3　外貌特征

柯尔克孜马体质干燥、粗糙结实，有悍威。头中等大，下颌宽，耳中等大小，眼大有神。颈长适中，肌肉发达，颈肩结合良好。鬐甲中等高。胸廓较深，多为平胸。腹形良好，多斜尻。前肢姿势较正，后肢略呈刀状姿势。关节结实，蹄质坚实。毛色以骝毛、栗毛为主，黑毛、青毛次之，有个别沙骝毛个体。

4　生产性能

4.1　繁殖性能

公马性成熟年龄 14~18 月龄，初配年龄 3~4 岁；母马性成熟年龄 14~18 月龄，初配年龄 为 2.5~3 岁，适配年龄 3~15 岁。自然交配的受胎率不低于 70%。

4.2　体尺、体重

4.2.1　体尺

成年体尺平均值见表 1。

表 1　柯尔克孜马成年体尺平均值

性别	体高/cm	体长/cm	胸围/cm	管围/cm
公	135	147	160	18.7
母	133	145	159	19.0

4.2.2　体重

成年公马平均体重为 385 kg；成年母马平均体重为 370 kg。

4.3　产乳性能

泌乳母马在正常泌乳后（150 d 内）平均日泌乳量为 4000 mL。

4.4　产肉性能

成年马平均胴体重 146 kg，屠宰率 45%，净肉率 30%。

5　等级标准

成年的柯尔克孜马根据血统和理想型表现、体尺、外貌、后裔品质 4 项进行等级评定（各项评分方 法见附录 A），分为特级、一级、二级 3 个等级，见表 2。

表 2　柯尔克孜马等级综合评定

鉴定项目	特级		一级		二级	
	公马	母马	公马	母马	公马	母马
血统及理想型表现	8	7	6	5	4	3
体尺	8	7	6	5	4	3
外貌	8	7	6	5	4	3
后裔品质	8	7	6	5	4	3

等级综合评定应按照下列规定进行：

（a）表内各项按最低 1 项评分确定等级；

（b）4 项中，有 3 项符合标准，有 1 项较标准差 1 分时，准许加 1 分评定等级，其原分不变，并在备注 栏写明，但达不到二级的马，不做这种加分评级；

（c）如后裔品质无资料，可只按其他 3 项进行评定；

（d）公马不到一级，母马不到二级，不作种用。

附录 A
（规范性附录）
柯尔克孜马评分办法

A.1　血统与理想型表现评分

血统评分应以亲代的等级记载为依据。如无记载，可依其父母表现评定等级。主要应根据本身的品种特征和理想型表现程度进行评分，其评分方法见表 A.1。

表 A.1　血统与理想型表现评分

	优秀		良好		合格		不良	
	公马	母马	公马	母马	公马	母马	公马	母马
父母同为特级	10	9	8	7	6	5	4	3
一方特级一方一级	9	8	7	6	5	4	3	2
一方特级一方二级	8	7	6	5	4	3	2	1
双亲同为一级	7	6	5	4	3	2		
一方一级一方二级	6	5	4	3	2	1		
双亲同为二级	5	4	3	2	1	1		

A.2　体尺评分

A.2.1　成年马体尺评分

成年马体尺评分方法见表 A.2。

表 A.2　成年马体尺评分标准

公马				母马				评分
体高/cm	体长/cm	胸围/cm	管围/cm	体高/cm	体长/cm	胸围/cm	管围/cm	
143	155	166	20.0	141	153	164	20.0	10
141	153	164	19.5	139	151	162	19.5	9

（续表）

公马				母马				评分
体高/cm	体长/cm	胸围/cm	管围/cm	体高/cm	体长/cm	胸围/cm	管围/cm	
139	151	162	19.0	137	149	160	19.0	8
137	149	160	18.5	135	147	158	18.5	7
135	147	158	18.0	133	145	156	18.0	6
133	145	156	17.5	131	143	154	17.5	5
131	143	154	17.0	129	141	152	17.0	4
129	141	152	16.5	127	139	150	16.5	3
注：评分时以4项体尺最低1项为基准。4项体尺，按其中最低1项标准给分								

A.2.2　未成年马体尺评分

未成年马按表 A.3 所列指标与实测体尺相加后再按表 A.2 标准评分。

表 A.3　未成马评分增加体尺数值

年龄（岁）	体高/cm	胸围/cm	管围/cm
4	2	8	0.5
3	4	10	1
2	8	20	2
1	20	35	2.5

A.3　外貌评分

外貌评分项目分头颈躯干、四肢、体型结构与体质 3 组，每组有 5 项要求，鉴定内容见表 A.4。

表 A.4　外貌鉴定评分

组别	鉴定项目与评分要求					
	头颈躯干		四肢		体型结构与体质	
	表现	评分	表现	评分	表现	评分
第一项	头中等大，正头，干燥，可稍重，眼中等，耳立		肢势端正，四肢骨量充实		结构匀称	

（续表）

组别	鉴定项目与评分要求					
	头颈躯干		四肢		体型结构与体质	
	表现	评分	表现	评分	表现	评分
第二项	颈中等长，直颈，颈础适中		管及关节良好		体质结实，略显干燥	
第三项	鬐甲中等高，背腰平直中等长		系正，长适中，强有力		适应性强	
第四项	胸宽深，腹型正常		正蹄，蹄质坚实，大小适中		性情温顺，有悍威	
第五项	尻宽适中，平		筋、腱、韧带坚实		无失格损征	
各组评分						
总评分						

注：各部位鉴定结果，概括为良好、中等、不良3类。良好给2分，中等给1分，不良给0分；5项给分相加，得出各组评分；3组中，两组分数，公马在8分以上，母马在7分以上，而其余1组分数差1分不能升级者，则在总分上加1分而升级

A.4　后裔品质评分

公马后代不少于10匹，在正常饲养管理情况下，按下列标准评分。

A.4.1　后代中主要为特级、一级者给8~10分。

A.4.2　后代中主要为一级或部分为二级者给6~7分。

A.4.3　后代中60%以上为二级者给3~5分。

【地方标准】

焉耆马
Yanqi horse

标准号：DB65/T 3468—2013
发布日期：2013-01-20　　　　　　　　　　实施日期：2013-02-20
发布单位：新疆维吾尔自治区市场监督管理局

前　言

本标准按照《标准化工作导则　第一部分：标准结构和编写规则》编写。

本标准由新疆巴州畜牧工作站、新疆农业大学提出。

本标准由新疆维吾尔自治区畜牧厅归口。

本标准起草单位：新疆巴州畜牧工作站、新疆农业大学

本标准起草人：姚新奎、尼满、管永平、努尔江、卓娅、桑吉惹、孟军、刘佳、李智军、才仁道尔吉。

1　范围

本标准规定了焉耆马的定义和术语、品种特征、生产性能、等级鉴定及良种登记的基本要求。

本标准适用于焉耆马的品种鉴定、等级鉴定及在销售活动中的评定。

2　术语和定义

下列术语和标准适用于本标准。

2.1　对侧步速度 pacing speed

在草场或沙地上骑乘马匹全速对侧步一定距离（一般在 1~5 km）所需要的时间。

2.2　持久力 endurance

在草场或沙地上骑乘马匹全速奔跑长距离（一般在 10~80 km）所需要的时间。

3　品种特征

3.1　品种来源

焉耆马因原产于新疆维吾尔自治区的焉耆盆地而得名，目前中心产地在和

静县巴音布鲁克区，主要分布于和硕、焉耆、博湖等县境内。焉耆马是在蒙古马的基础上，渗入中亚马的血液自群繁育，经过长期的选育，在特定的自然环境下形成体形外貌较为一致，具有抗热耐寒，耐粗饲、持久力强，性情温顺，善于爬山涉水，尤其是对海拔 3 000 m 以上高原具有很强适应性的马匹类群。焉耆马以群牧为主，具有善走对侧步、长途耐力强特点。

3.2　类型

焉耆马为地方品种，主要是以骑乘为主，尤其是对侧步和长途骑乘。

3.3　外貌特征

焉耆马结构匀称，体质粗壮结实。头较长，多正头和半兔头，耳较长而竖立，眼大而有神，鼻孔大。颈中等长，颈肩结合尚好。鬐甲高、长、宽中等。胸廓较深，胸宽、深适度，发育充分，腹形良好，尻较短斜。四肢关节明显，肌腱发育良好，后肢多呈轻度刀状肢势，蹄质坚实。毛色以骝、栗、黑毛为主，间有其他杂毛色。

3.4　体尺、体重

3.4.1　体尺

表1　一级焉耆马成年体尺下限指标　　　　　　　　单位：cm

性别	体高	体长	胸围	管围
公	136	139	160	18.0
母	132	137	157	17.5

注：成年焉耆马指 6 岁及以上的马匹。

3.4.2　体重

在秋季时，成年公马体重为 350~390 kg；成年母马体重为 330~370 kg。

4　生产性能

下列技术要求为一级焉耆马标准技术要求。

4.1　对侧步速度：符合下列条件之一

1 km 对侧步用时公马不多于 3 min 10 s；

2 km 对侧步用时公马不多于 5 min 00 s；

3 km 对侧步用时公马不多于 7 min 7 s；

5 km 对侧步用时公马不多于 9 min 15 s。

4.2　持久力：符合下列条件之一

10 km 骑乘速跑用时公马不多于 16 min 20 s；

50 km 骑乘速跑用时公马不多于 2 h 42 min；

80 km 骑速跑乘用时公马不多于 4 h 38 min。

4.3 繁殖性能

在群牧自然交配情况下，公马配种受胎率不低于70%，母马产驹数不少于三年产两驹。

5 等级标准

成年的焉耆马根据血统和理想型表现、体尺、外貌、生产性能、后裔品质五项进行等级评定（各项评分方法见附录A），分为特级、一级、二级三个等级，见表2。

表2 焉耆马等级综合评定

鉴定项目	特级		一级		二级	
	公马	母马	公马	母马	公马	母马
血统及理想型表现	8	7	6	5	4	3
体尺	8	7	6	5	4	3
外貌	8	7	6	5	4	3
生产性能	8	7	6	5	4	3
后裔品质	8	7	6	5	4	3

（1）表内各项按最低一项评分确定等级；

（2）五项中，有四项符合标准，有一项较标准差1分时，准许加1分评定等级，其原分不变，并在备注栏写明，但达不到二级的马，不做这种加分评级。

（3）如生产性能和后裔品质无资料，可只按其他三项进行评定。

（4）公马不到一级，母马不到二级，不作种用。

附录 A
评分办法

A1　血统与理想型评分

血统评分应以亲代的等级记载为依据。如无记载，可依其父母表现评定等级。主要应根据本身的品种特征和理想型表现程度进行评分，其评分标准见表 A1。

单位：分

表 A1　血统与理想型评分

父母等级	理想型表现							
	优秀		良好		合格		不良	
	公马	母马	公马	母马	公马	母马	公马	母马
父母同为特级	10	9	8	7	6	5	4	3
一方特级一方一级	9	8	7	6	5	4	3	2
一方特级一方二级	8	7	6	5	4	3	2	1
双亲同为一级	7	6	5	4	3	2		
一方一级一方二级	6	5	4	3	2	1		
双亲同为二级	5	4	3	2	1	1		

A2　体尺评分

A2.1　成年马体尺评分标准见表 A2。

表 A2　体尺评分标准

公马				母马				评分
体高/cm	体长/cm	胸围/cm	管围/cm	体高/cm	体长/cm	胸围/cm	管围/cm	
144	147	169	19.0	142	144	166	18.5	10
142	145	167	18.5	140	143	164	18.5	9
140	143	165	18.5	138	141	162	18.0	8
138	141	163	18.0	136	139	160	17.5	7

（续表）

公马				母马				评分
体高/cm	体长/cm	胸围/cm	管围/cm	体高/cm	体长/cm	胸围/cm	管围/cm	
136	139	160	18.0	132	137	157	17.5	6
134	137	159	17.5	130	135	154	17.0	5
132	135	157	17.5	128	133	152	17.0	4
130	133	155	17.0	126	131	150	16.5	3

注：评分时以四项体尺最低一项为基准。四项体尺，按其中最低一项标准给分。

A2.2 未成年马可按表 A3 所列指标与实测体尺相加后再按表 A2 标准评分。

表 A3 未成马评分增加体尺数值 单位：cm

年龄	体高	胸围	管围
4 岁	2	4	0.5
3.5 岁	4	6	0.5
3 岁	6	8	0.5
2.5 岁	8	15	1.0
2 岁	10	20	1.5

A3 外貌评分

外貌评分项目分头颈躯干、四肢、体型结构与体质三组，每组有五项要求，鉴定内容见表 A4。

表 A4 外貌鉴定评分

项目	鉴定项目与评分要求					
	头颈躯干		四肢		体型结构与体质	
	表现	评分	表现	评分	表现	评分
第一项	头中等大，正头，干燥，可稍重，眼大，耳立		肢势端正，四肢骨量充实		结构匀称	
第二项	颈中等长，稍斜，颈础适中		管及关节良好		体质结实，略显干燥	
第三项	鬐甲高长中等，背腰直宽中等长		系正，长适中，强有力		适应性强	

（续表）

项目	鉴定项目与评分要求					
	头颈躯干		四肢		体型结构与体质	
	表现	评分	表现	评分	表现	评分
第四项	胸廓适当深广，腹型正常		正蹄，蹄质坚实，大小适中		性情温顺，有悍威	
第五项	尻宽适中，稍斜		筋、腱、韧带坚实		无失格损征	
各组评分						
总评分						

各部位鉴定结果，概括为良好、中等、不良三类。良好给2分，中等给1分，不良给0分；五项给分相加，得出各组评分；三组中，二组分数，公马在8分以上，母马在7分以上，而其余一组分数差1分不能升级者，则在总分上加1分而升级。

A4　生产性能评定

根据对侧步速度、持久力进行评定，对未参加测验和比赛，其工作能力按调教和实际工作中的表现评分。焉耆马实行群牧管理，母马负担繁重任务，调教困难较大，在进行工作能力评定方面多只限公马。

A4.1　草原放牧马多数未经调教，鉴定时多考虑其他几项，工作能力一项可暂不进行评定。

A4.2　经调教可供骑乘，生产性能表现较好者给4~6分。

A4.3　依据对侧步速度、持久力成绩进行评分，见表A5。

表 A5　对侧步速度、持久力评分

距离	1km 对侧步	2 km 对侧步	3 km 对侧步	5 km 对侧步	10 km 跑步	50 km 跑步	80 km 跑步	评分
所需时间	2 mim 50 s	4 mim 40 s	6 mim 53s	8 mim 55 s	15 mim 40 s	2 h 38 mim	4 h 30 mim	8
	3 mim 00 s	4 mim 50 s	7 mim 00 s	9 mim 5 s	16 mim 00 s	2 h 40 mim	4 h 34 mim	7
	3 mim 10 s	5 mim 00 s	7 mim 7 s	9 mim 15 s	16 mim 20 s	2 h 42 mim	4 h 38 mim	6
	3 mim 20 s	5 mim 10 s	7 mim 14 s	9 mim 25 s	16 mim 40 s	2 h 44 mim	4 h 42 mim	5
	3 mim 30 s	5 mim 20 s	7 mim 21 s	9 mim 35 s	17 mim 0 s	2 h 46 mim	4 h 46 mim	4

A5 后裔品质评分

公马后代不少于 10 匹，在正常饲养管理情况下，按下列标准评分。

A.5.1 后代中主要为特级、一级者给 8~10 分。

A.5.2 后代中主要为一级或部分为二级者给 6~7 分。

A.5.3 后代中 60% 以上为二级者给 3~5 分。

【地方标准】

伊犁马（乳用型）
选育技术规程

标准号：DB65/T 3712—2015

发布日期：2015-03-03　　　　　　　　实施日期：2015-04-03

发布单位：新疆维吾尔自治区市场监督管理局

前　　言

本标准根据 GB/T 1.1—2009《标准化工作导则　第 1 部分：标准的结构和编写》要求编写。

本标准由新疆维吾尔自治区畜牧厅提出。

本标准由新疆维吾尔自治区畜牧厅归口。

本标准由新疆农业大学负责起草。

本标准主要起草人：刘武军、刘玲玲、耿明、唐伟、邓海峰、王琼、祁居中、何美升、王军、华实、叶尔太、买热木尼沙、孟军、姚新奎。

1　范围

本标准规定了乳用型伊犁马的外貌特征、生产性能、繁殖性能、适应性、利用年限。

本标准适用于乳用型伊犁马品种的选育和鉴别。

2　规范性引用文件

下列文件对于本文件的应用是必不可少的。凡是注日期的引用文件，仅所注日期的版本适用于本文件。凡是不注日期的引用文件，其最新版本（包括所有的修改单）适用于本文件。

NRC（1989）　马的营养需要

3　术语及定义

下列术语和定义适用于本文件。

3.1　棘突 spinous

脊椎髓弓中央的刺状或棱鳞形的背部隆起部。

3.2 鬐甲 withers

以第二至第十二胸椎的棘突为基础，与其两侧的肩胛软骨和肌肉、韧带构成的躯干上方的隆起部。以第三至第五棘突为最高部分。

3.3 背 back

以第十三至第十八胸椎为基础，自鬐甲后至最后一根肋骨以及两侧肋骨上三分之一的体表部位。

3.4 腰 loin

以腰椎为基础，从最后一根肋骨到两腰角前缘连线之间的部位。

3.5 尻 buttock

以髋骨和荐骨为基础。两腰角和两臀端四点之间的躯干后上部，前接腰后连尾的部位。

3.6 胸廓 thorax

以胸椎和肋骨及胸骨为基础。自肩端至最后一根肋骨，由背至胸下和两侧肋骨所包括的体躯部位。

3.7 飞节 hock

以跗骨为基础，胫与后管之间的关节称为飞节。

3.8 体高 height of withers

鬐甲顶点到地面的垂直距离。

3.9 体长 body length

肩端至臀端的斜直线距离。

3.10 胸围 circumference of chest

鬐甲后方，通过肩胛骨后缘，垂直于地面，绕体躯一周之周长。

3.11 管围 circumference of cannon bone

左前管上三分之一的下端，即管部最细处之水平周长。

3.12 胸宽 chest width

肩胛后缘左右两垂直切线间的最大距离。

3.13 尻宽 buttock width

左右臀中点连线的距离。

3.14 尻角度 croup angle

臀角与腰角的相对高度与水平线的夹角。

3.15 乳房深度 the depth of the breast

乳房基部（乳房底平面）与飞节之间的距离。

3.16 乳房附着高度 udder attachment height

乳房附着点至飞节的距离。

3.17　乳房附着宽度 udder attachment width

乳房左右两个附着点之间的距离（乳腺组织宽度）。

4　外貌特征

4.1　头部

头中等大小，有一定干燥性，较清秀，面部血管明显，眼大明眸，鄂广，鼻直，鼻孔大。

4.2　颈部

颈长适中，肌肉充实，颈基较高，发育丰满。

4.3　躯干

背腰平直而宽，尻宽长中等，稍斜，肋骨开张良好，胸廓发达，腹形正常。

4.4　四肢

四肢干燥，关节明显，筋腱发育良好，前肢端正，管部干燥，系中等，蹄质结实，距毛中等。

4.5　乳房结构

马乳房的外形呈漏斗状，分左右两半附着在母马两后腿之间。每部有一个乳头，每个乳头有两三个乳头管。乳房腺体发达，乳房内部无硬结，两个乳区发育良好，大小接近一致，皮薄柔软，毛细而短，具有良好的弹性，乳头大小适中，两乳头之间有一定的距离。

5　群体数量及血统来源

本标准所得数据来自110匹伊犁马群体，其中公母马比例为1∶10。种公马的血统来源于国外优良的新吉尔吉斯马、纯血马。

6　饲养技术要求

6.1　马饲料配比及营养需要

对马场中壮年母马的饲料消耗应符合表1规定；妊娠及泌乳马的营养需要量应符合表2规定［引自 NRC（1989）］。

表1　马的饲料消耗（%体重）（风干料大约含90%的干物质）

类别		饲草	精料	总计
壮年母马	维持状态	1.5~2.0	0~0.5	1.5~2.0
	早妊娠	1.0~1.5	0.5~1.0	1.5~2.0
	晚妊娠	1.0~2.0	1.0~2.0	2.0~3.0
	晚泌乳	1.0~2.0	0.5~1.5	2.0~2.5

表2　成熟马营养需要量

育种季节		体重（kg）	消化能（Mcal）	粗蛋白（g）	赖氨酸（g）	钙（g）	磷（g）	镁（g）	钾（g）	维生素A（10^3IU）
妊娠马	9个月	400	14.9	654	23	28	21	7.1	23.8	24
	10个月		15.1	666	23	29	22	7.3	24.2	24
	11个月		16.1	708	25	31	23	7.7	25.7	24
泌乳马	产驹3个月	400	22.9	1 141	40	45	29	8.7	36.8	24
	3个月断奶	400	19.7	839	29	29	18	6.9	26.4	24

6.2　种公马饲料管理

6.2.1　配种期

以精料为主，应占总营养的50%~60%；蛋白质保持在13%~14%，纤维素在25%以下。为了提高精液的品质，应当给种公马饲喂品质良好的禾本科、豆科干草；有条件的地方可喂青刈饲草（如苜蓿）以代替部分干草。

6.2.2　非配种期

精料占总营养的40%~50%，蛋白质保持在10%。此期可适当减少豆科饲料的给量，增加易消化的含碳水化合物丰富的饲料，注意矿物质、维生素的补充。

6.3　妊娠母马的饲料管理

6.3.1　日粮多样，增加营养。妊娠母马日粮的饲喂量，要逐渐增加。初期量少，质优；后期量和质并重。日粮尤应注意蛋白质、矿物质和维生素的供给。妊娠最后90 d，母马日粮蛋白质含量不低于12%，精料应为日粮总量的25%~35%，这也要视马的膘情而定。

6.3.2　单独饲养，安全分娩。每天饲喂4次或5次，以禾本科干草为主，适当加些精料（为平时2/3）。每天要有适当的运动，以防母马消化不良和妊娠浮肿。对初产母马要按摩乳房，以便产后幼驹吃奶。母马产后3天，因马驹吃得少，可不喂或少喂精料，只喂麸皮和干草，3 d 以后逐渐加精料，10 d 后恢复正常。

6.4 哺乳母马的饲养管理

6.4.1　根据母马泌乳所需要营养，建议哺乳前 3 个月，精料应占总日粮的 45%~55%。然而精料所需的数量取决于干草和牧地的质量，母马泌乳力、体况和其他因素。总日粮蛋白质应在 12.5%~14%。如果混合精料在日粮中占 50%，那么粗饲料应含不低于 10% 蛋白质，以保证日粮蛋白质也含有 10% 蛋白质。哺乳期母马饲料中纤维素不超过 25%，母马担任轻役时，日粮标准应再加 20%。

6.4.2　为了增加泌乳量，饮水一定要充足，多喂青绿多汁饲料和青贮料。通常白天饮水不应少于 5 次，夜间可自由饮水。为加速子宫恢复，在产后一个月内要饮温水。

7　体尺与体重

　　5 周岁公马体重不低于 440 kg，体高不低于 138 cm，体长不低于 143 cm，胸围不低于 158 cm，管围不低于 18 cm。

　　5 周岁母马体重不低于 420 kg，体高不低于 132 cm，体长不低于 135 cm，胸围不低于 150 cm，管围不低于 16 cm。胸宽范围在 20~23 cm，尻宽范围在 22~25 cm，尻角度范围在 38°~40°，乳房深度范围在 35~37 cm，乳房附着高度范围在 47~49 cm，乳房附着宽度范围在 15~17 cm。

8　生产性能

8.1　产奶性能

　　经产母马日产奶量不低于 7 kg，150 d 产奶量不低于 1 050 kg，乳蛋白率不低于 1.7%，乳脂率不低于 1.2%；乳糖率不低于 6.5%，非脂固形物不低于 9.5%。

8.2　泌乳曲线

　　伊犁马（乳用型）泌乳曲线见图 1。

8.3　繁殖性能

　　伊犁马乳用型公马 1~1.5 周岁性成熟，3 周岁可采精。人工受胎率达到 82% 以上，繁殖率不低于 70%，成活率 65%。

　　伊犁马乳用型母马 12~16 月龄性成熟，发情周期为 17~21 d，初配年龄为 3 周岁、体重在 400 kg 以上，妊娠期平均 340 d，头胎产犊年龄为 4 周岁。母马终生产驹 10~12 匹。

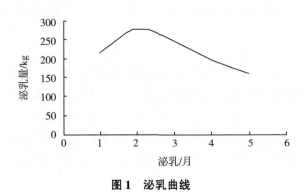

图1 泌乳曲线

9 利用年限

正常饲养管理条件、健康状况良好的情况下，乳用型伊犁马公马可利用年限为 3~15 年，母马可产奶 10 个泌乳期以上。

10 适应性

不耐热，抗病力强，耐粗放，能够适应于海拔高、气候严寒的自然环境条件，适合在寒温气候地区饲养。

11 评定等级

根据泌乳量对伊犁马（乳用型）进行等级评定，评定规则应符合表 3 规定。

表3 伊犁马（乳用型）评定等级

等级	泌乳量/kg
特级	≥1 200
一级	1 050~1 200
二级	≤1 050

【地方标准】

乳用马分子标记辅助选育技术规程
Technology procedures of marker-assisted breeding in dairy horse

标准号：DB65/T 3810—2015
发布日期：2015-10-15　　　　　　　　实施日期：2015-12-01
发布单位：新疆维吾尔自治区质量技术监督局

前　　言

本标准根据 GB/T 1.1—2009《标准化工作导则　第 1 部分：标准的结构和编写》要求编写。本标准由新疆维吾尔自治区畜牧厅提出。

本标准由新疆维吾尔自治区畜牧厅归口。

本标准由新疆农业大学负责起草。

本标准主要起草人：刘武军、于茜、邵勇钢、王琼、莫合塔尔·夏甫开提、努孜古丽·图尔荪、耿明、王军、何美升、刘玲玲。

1　范围

本标准规定了乳用马产奶量性能 *PRLR* 基因检测的仪器设备及试剂、溶液配制、引物序列及操作技术规程等内容。

本标准适用于乳用马产奶性能的 DNA 分子标记早期选育。

2　术语和定义

下列术语和定义适用于本文件。

2.1　检测时间 testing time
分子标记选育技术在乳用马周岁时进行。

2.2　引物 primer
用于 DNA 片段聚合酶链式反应扩增的人工合成的短核苷酸链。

2.3　基因型 genotype
生物群体中由于遗传差异而造成的不同遗传类型。

3 仪器设备及试剂

3.1 仪器设备

高速台式冷冻离心机，电泳槽和电泳仪，电子天平，凝胶成像仪，-20℃冰箱，水平摇床。移液器、PCR 仪、微波炉、高压灭菌锅。

3.2 试剂

Tris 碱，硼酸，EDTA－Na$_2$H$_2$O，DL2000 DNA Marker，50bp plus DNA Marker，NaOH，NaCL，氯仿：异戊醇（24：1），无水乙醇，70%无水乙醇，SDS，二甲苯氰，溴酚蓝，去离子甲酰胺，Mix，6×Loading Buffer，丙烯酰胺，N、N- 亚甲基双丙烯酰胺，AgNO$_3$，琼脂糖，超纯水，尿素，溴化乙锭，TEMED，AP，过硫酸铵，甲醛。

4 溶液配制

溶液配制方法参考《分子克隆实验指南》。

5 引物序列

PRLR1：5′-TTTCATGCGTTATCCAAGCA-3′

PRLR2：5′-GAAGGGCTTAGTTACGGGAAA-3′

6 操作技术规程

6.1 基因组提取

基因组 DNA 提取等技术均参照《分子克隆试验指南》。

6.2 PCR 扩增

利用 PCR 仪进行 PCR 扩增，PCR 反应体系为 20 μL：DNA 模板 1.0 μL，PCR Mixture 10 μL，上、下游引物（10 pmol/μL）各 0.5 μL，加双蒸水至 20 μL。反应条件：94℃预变性 5 min；94℃变性 30 s，退火温度退火 30 s，72℃延伸 1min，进入 35 个循环；72℃延伸 10 min 后 4℃保存，产物用 2%的琼脂糖凝胶电泳检测。取目的片段扩增条带清晰明亮且无杂带的 PCR 产物进行下一步的鉴定。

6.3 SSCP 检测

利用 8%非变性聚丙烯酰胺凝胶电泳检测 PCR 产物，经银染后显色，用凝胶成像仪将凝胶成像。

6.4 基因判型

对比基因型示意图，判定基因型。

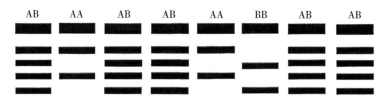

图 1 基因型示意图

基因型为 AA 的为乳用马产奶性能基因（PRLR）纯合体，AB 基因型为乳用马产奶性能基因（PRLR）杂合体，BB 基因型为乳用马产奶性能基因（PRLR）突变纯合体。

6.5 标记辅助选择

根据基因分型的结果，确定选留个体。

周岁个体鉴定时根据家族产奶系谱资料确定选留，出现重大失格、损征不予留用。

【地方标准】

三位一体马匹开放式选种技术规程
Technical regulation of open
selection of trinity in horse

标准号：DB65/T 3817—2015
发布日期：2015-10-15   实施日期：2015-12-01
发布单位：新疆维吾尔自治区质量技术监督局

前　　言

本标准根据 GB/T 1.1—2009《标准化工作导则　第 1 部分：标准的结构和编写》要求编写。

本标准由新疆维吾尔自治区畜牧厅提出。

本标准由新疆维吾尔自治区畜牧厅归口。

本标准由新疆农业大学负责起草。

本标准主要起草人：刘武军、刘玲玲、孟军、祁居中、姚新奎、谭小海、李海、邓海峰。

1　范围

本标准规定了表型筛选、生产性能预测、分子标记辅助选择要求。

本标准适用于不同用途马匹的选择。

2　术语及定义

下列术语和定义适用于本文件。

2.1　"三位一体"选种 the trinity

马匹表型数据、生产性状预测、分子标记辅助选择三者相互结合的综合选种模式。

2.2　表型选择 phenotypic choice

根据实际生产数据资料或已有的育种资料确定马匹的选留或淘汰。

3 表型筛选

3.1 基础资料采集

针对不同生产用途的马匹，进行马匹系谱资料、表型生产数据资料采集。

3.2 马匹筛选

根据马匹的系谱资料、表型数据资料等记录选择优秀马匹。

4 生产性能预测

4.1 育种资料分析处理

利用 Excel 整理育种资料，对资料进行如下处理：去除记录不完整的资料；去除患病的马匹。

4.2 模型建立

以整理后马匹的生产数据为基础，利用生物统计软件（SAS）进行离差平方和、自由度、均方等方差结果计算；同样利用生物统计软件（SPSS）计算回归系数及常数；建立预测不同用途马匹的主要经济性状的多元回归方程，并对方程进行显著性检验。

4.3 最优模型建立

对以上多元回归方程进行显著性检验后，剔除对生产性能影响较小的因素，最后利用影响力高的性 状建立多元回归模型。

4.4 马匹选择

利用多元回归模型选择不同经济用途的马匹。

5 生产性能分子标记辅助选择

5.1 测定时间

马匹周岁时进行选择。

5.2 血样采集

采集马匹的全血样。均为颈静脉采血 5 mL，枸橼酸钠抗凝，−20℃ 保存备用。

5.3 目的基因型个体选择

参照《分子克隆试验指南》，完成目的基因突变的检测。根据突变确定选留或淘汰个体，出现重大 失格、损征的不予留用。

5.4 三位一体选种

根据前期累积的生产记录以及现有生产数据，结合其系谱资料，从中选择在某一性能上表现优秀的马匹进行组群；后在群体中利用最优多元回归模型对生产性状进行预测；根据实际生产要求，对优良马匹进行选择；对前两种方法选择的马匹后代进行分子标记辅助选择，依据分子生物判型结果，确定马匹选留，最终实现综合选种。

【地方标准】

不同生理阶段乳用马培育技术规程
Technical procedures of cultivating dairy horse during different physiological stages

标准号：DB65/T 3811—2015
发布日期：2015-10-15　　　　　　　　　　实施日期：2015-12-01
发布单位：新疆维吾尔自治区市场监督管理局

前　　言

本标准根据 GB/T 1.1—2009《标准化工作导则　第 1 部分：标准的结构和编写》要求编写。

本标准由新疆维吾尔自治区畜牧厅提出。

本标准由新疆维吾尔自治区畜牧厅归口。

本标准由新疆农业大学、新疆红鑫农业科技生产力促进中心负责起草。

本标准主要起草人：刘武军、孟军、王建文、姚新奎、浦柳、祁居中、谭小海、邓海峰、唐伟。

1　范围

本标准规定了哺乳驹培育、断乳驹培育、怀孕育成马的培育、产奶马的培育、干奶马的培育要求。

本标准适用于不同生理阶段伊犁乳用马的培育。

2　术语和定义

下列术语和定义适用于本文件。

2.1　哺乳驹 sucking foal
从出生到 6 月龄的马驹。

2.2　断乳驹 ablactation foal
从断奶到成年的马驹。

3 哺乳驹的培育

3.1 哺乳驹的护理

3.1.1 刚产出的幼驹在产后 5~10 min 后截断脐带，即当脐带停止搏动之后结扎断脐，利于初生驹的健康发育。

3.1.2 幼驹应在产后 1 h 之内吮吸到初乳，初乳有轻泻性特点，防止幼驹便秘。胎粪必须在 24 h 之内排出，否则幼驹会精神差、腹痛、烦躁甚至死亡。

3.1.3 幼驹在 1~4 d 视力弱，在随着母马回厩时须缓慢引入厩内，防止幼驹因黑暗乱跑而造成外伤，或者误入其他马厩被踢伤。

3.1.4 10~15 d 后正常吃乳，并随母马吃一些饲料。

3.2 遗孤驹的管理

可用"保姆马"的乳涂在孤驹身上，后诱导试行哺乳易获成功。人工喂乳时，乳要新鲜，哺乳用具每次用完后要洗净、煮沸消毒，每 2 h 饲喂 1 次，每天 6~7 次，给乳量每次 200~300 mL，后逐渐增加。

3.3 幼驹管理

重视幼驹饮水，多运动，多晒太阳，冬季要防寒保暖。

4 断乳驹的培育

4.1 幼驹断奶

在中午或下午放牧时，将马群赶至马厩，将母马逐个牵出，将马驹关在厩中两昼夜。幼驹思恋母马，不断嘶鸣，烦躁不安，甚至拒食，须昼夜值班，加强管理。

4.2 越冬期的饲养

饲料要多样化，保证充足的蛋白质、维生素和矿物质。精料可用压扁大麦或燕麦、玉米渣、小麦麸、豆饼，粗饲料应选留品质好的干草，应专留豆科干草特别是苜蓿干草喂断乳驹。

4.3 1~2 岁驹的培育

4.3.1 放牧期培育

4.3.1.1 按性别进行分群。

4.3.1.2 放牧季节中，采取全日放牧制。放牧地距厩舍远时，要建简单棚舍作为夏季野营地，以便避暑、避雨和补饲。分批次饮水，每日饮水不低于 3 次，使其喝足。夏季炎热时，应进行夜牧。

4.3.2 舍饲期培育

舍饲期以粗饲料和多汁饲料为主，适当补充精料，保证蛋白质、维生素的供给。同时马厩面积充足，清洁干燥。

5　怀孕育成马的培育

以青干草为主，适量补充精料。体重 380~400 kg 时配种怀孕，适当运动，勤刷马体，严防机械性流产或早产，防滑倒。

6　产奶马的培育

以青草为主，适量补充精料。

6.1　泌乳初期

产后 6 d 内粗饲料以优质青干草为主。每匹马饲喂料 10 kg，日粮精粗比调整至 35：65，适当运动。观察食欲、粪便是否正常，乳房有无水肿。发现异常及时报告兽医，防止产后发热、消化道疾病、乳房炎、产后瘫痪等病的发生。

6.2　泌乳盛期

日粮精粗比为 45：55。产后 30~60 d 适时配种。密切观察马匹食欲、粪便、产奶量的变化。

6.3　泌乳后期

日粮精粗比应调整到 40：60，多喂干草。管理上应注意保胎，防止流产。

7　干奶马的培育

一般每匹饲喂 8 kg，其中精料 2 kg。整个干奶期，应防止流产，不能饮冰水、冻草，严禁饲喂霉变饲草饲料。注意适当运动，避免挤撞。

【地方标准】

乳用马体质外貌评定技术规程
Technical procedures of physical appearance evaluation in dairy horses

标准号：DB65/T 3806—2015
发布日期：2015-10-15   实施日期：2015-12-01
发布单位：新疆维吾尔自治区质量技术监督局

前　言

本标准根据 GB/T 1.1—2009《标准化工作导则　第 1 部分：标准的结构和编写》要求编写。

本标准由新疆维吾尔自治区畜牧厅提出。

本标准由新疆维吾尔自治区畜牧厅归口。

本标准由新疆农业大学负责起草。

本标准主要起草人：刘武军、刘玲玲、耿明、孟军、何美升、高程程、谭小海、邓海峰、王建文。

1　范围

本标准规定了乳用马的外貌评定内容。

本标准适用于伊犁乳用马体质外貌的评定。

2　术语和定义

下列术语和定义适用于本文件。

2.1　体质 corporeity

有机形态结构与生理机能相互之间协调性的综合体现。其外在表现有生产性能、抗病力、对外界生活条件的适应能力等。

2.2　外貌 appearance

体躯结构的外部表现。

2.3　体高 height of withers

鬐甲顶点到地面的垂直距离。

2.4　胸宽 chest width

肩胛后缘左右两垂直切线间的最大距离。

2.5　尻长 rump length

腰角的前隆凸到坐骨结节最后隆凸间的距离，用圆形测定器测量。

2.6　尻宽 buttock width

两坐骨结节间的宽度，用圆形测定器测量。

2.7　体长 body length

肩端至臀端的斜直线距离。

2.8　胸围 circumference of chest

鬐甲后方，通过肩胛骨后缘，垂直于地面，绕体躯一周之周长。

2.9　管围 circumference of cannon bone

左前管上三分之一的下端，即管部最细处之水平周长。

2.10　胸宽 chest width

肩胛后缘左右两垂直切线间的最大距离。

2.11　尻角度 croup angle

臀角与腰角的相对高度与水平线的夹角。

2.12　乳房深度 the depth of the breast

乳房基部（乳房底平面）与飞节之间的距离。

2.13　乳房附着高度 udder attachment height

乳房附着点至飞节的距离。

2.14　乳房宽度 udder width

乳房左右两个附着点之间的距离（乳腺组织宽度）。

2.15　乳头长度 teat length

乳头平均长度。

3　乳用马外貌评定

3.1　评分评定

评分评定是对马各部位依其重要程度分别给予一定的分数，总分 100 分。鉴定人员根据外貌要求，分别评分，评分表见表 1，外貌评分等级标准见表 2。

表 1　母马外貌鉴定评分

项目	具体评分要求	标准分
一般外貌	头、颈、甲、后大腿部位棱角和轮廓明显 皮肤薄而有弹性，毛细有光泽 肘关节处飞角 30° 弯曲 小计	15 5 5 25
乳用特征	肋骨间距宽、长而开张 尻长、平、宽 颈长适中，肌肉充实，颈基较高 小计	7 8 5 20
体躯容积	长、宽、深 尻部长、平、宽 背腰平直、腹大不下垂 小计	3 4 3 10
泌乳系统	乳房性状如碗状，附着紧凑 乳腺发达，柔软而有弹性 两个乳区匀称，乳区高、宽、圆 乳头大小适中，垂直呈柱形，间距匀称 小计	12 10 12 11 45

表 2　外貌评分等级标准

特等	一等	二等	三等
86~90	81~85	76~80	≤75

3.1.1　评定记录

利用测仗、圆测器等，将每个性状评分填入表 3。

表 3　线性外貌鉴定记录

马场		鉴定员		日期												
马号	胎次	产犊日期	线性性状										等级评分			
			体型				尻部		乳房						一般外貌	乳用特征	体躯容积	泌乳系统	整体评分	等级
			体高	胸宽	前段	棱角性	尻角度	尻宽	后肢侧视	乳房附着高度	乳房宽度	乳房深度	乳头直径	乳头长度	乳房围	一般外貌	乳用特征	体躯容积	泌乳系统	整体评分	等级
功能分																					

【地方标准】

乳用马种质评定技术规程
Technology procedures of germplasm evaluation in dairy horse

标准号：DB65/T 3815—2015

发布日期：2015-10-15　　　　　　　　　实施日期：2015-12-01

发布单位：新疆维吾尔自治区质量技术监督局

前　　言

本标准根据 GB/T 1.1—2009《标准化工作导则　第 1 部分：标准的结构和编写》要求编写。

本标准由新疆维吾尔自治区畜牧厅提出。

本标准由新疆维吾尔自治区畜牧厅归口。

本标准由新疆农业大学、新疆标准化研究院负责起草。

本标准主要起草人：刘武军、刘玲玲、王军、耿明、孟军、何美升、王建文。

1　范围

本标准规定了乳用马种公马、母马的评定等内容。

本标准适用于乳用马种马的选择。

2　术语及定义

下列术语及定义适用于本文件。

2.1　非脂固形物 solid of non-fat

指乳中除了脂肪和水分之外的物质总称。

3　种公马的评定

3.1　生产数据采集

采集种公马后代母马的泌乳资料（泌乳量、产驹年龄、产驹季节等），并对其后代母马的乳成分（乳蛋白、乳脂、乳糖、非脂固形物）进行测定。

3.2 数据文件的建立

在 Excel 表中将后代母马的数据资料按照软件要求进行整理，分别建立系谱文件和数据文件。

3.3 遗传参数估计

利用特定软件对种公马后代母马的泌乳量、乳蛋白率、乳脂率、乳糖率、非脂固形物进行遗传力估计。

3.4 种公马育种值估计

利用动物模型 BLUP 法分别估计泌乳量及乳成分的育种值，以泌乳量及乳成分的单项育种值所占各项育种值总和的比重为各项育种值系数，最终确定综合育种值的计算方程。对乳用马种公马泌乳性能进行育种值估计，并排序。育种值排序作为种公马评定的依据。

4 母马的评定

4.1 数据资料的采集

4.1.1 产奶量数据采集

对母马泌乳期内产奶量进行收集，并记录。

4.1.2 体尺性状数据采集

测定母马 12 个主要性状的体尺数据，并记录。

4.2 多元回归模型建立

利用 SAS 软件对体尺指标及产奶量进行参数估计及方差分析，并建立多元回归方程，对方程进行显著性检验，剔除影响产奶量小的体尺指标。最终建立最优回归方程。

4.3 母马的选择

利用最优回归模型对母马进行评定。

【地方标准】

伊犁马饲养管理技术规范
Specification and Managment
Standard of Yili horse

标准号：DB65/T 4335—2020
发布日期：2021-04-01　　　　　　　　实施日期：2021-05-01
发布单位：新疆维吾尔自治区市场监督管理局

前　　言

本标准根据 GB/T 1.1—2020《标准化工作导则　第 1 部分：标准文件的结构和起草规则》的要求制定。

本标准由新疆维吾尔自治区畜牧兽医局提出并组织实施。

本标准由新疆维吾尔自治区畜牧业标准化技术委员会技术归口。

本标准由昭苏县西域马业有限责任公司、新疆维吾尔自治区畜牧总站、昭苏县畜牧兽医局、新疆农业大学、伊犁哈萨克自治州畜牧总站、伊犁哈萨克自治州昭苏马场起草。

本标准主要起草人：吕燕、许栋、李海、党乐、徐文慧、李晓斌、邓海峰、杨帆、罗鹏辉、解晓钰、托合塔森·皮达巴依、朱丰华、褚洪忠、孙瑛瑛、芦文圆、赵海利、车争强、杨振、马玉辉。

本标准实施应用中的疑问，请咨询新疆维吾尔自治区畜牧兽医局、昭苏县西域马业有限责任公司、新疆维吾尔自治区畜牧总站、昭苏县畜牧兽医局、新疆农业大学、伊犁哈萨克自治州畜牧总站、伊犁哈萨克自治州昭苏马场。

对本标准的修改意见建议，请反馈至新疆维吾尔自治区市场监督管理局（乌鲁木齐市新华南路 167 号）、新疆维吾尔自治区畜牧兽医局（乌鲁木齐市新华南路 408 号）、昭苏县西域马业有限责任公司（昭苏县天马大道 78 号）、新疆维吾尔自治区畜牧总站（乌鲁木齐市新华南路 408 号）、昭苏县畜牧兽医局（昭苏县乌孙路 84 号）、新疆农业大学（乌鲁木齐市农大东路 311 号）、伊犁哈萨克自治州畜牧总站（伊宁市阿哈买提江路 172 号）、伊犁哈萨克自治州昭苏马场（昭苏马场场部）。

新疆维吾尔自治区市场监督管理局　联系电话：0991-2817197；传真0991-2311250；邮编：830004

新疆维吾尔自治区畜牧兽医局　联系电话：0991-8568308；传真0991-8568940；邮编：830004

昭苏县西域马业有限责任公司　联系电话：0999-6022242；传真0999-6029359；邮编：835600

新疆维吾尔自治区畜牧总站　联系电话：0991-8560180；传真0991-8560569；邮编：830004

昭苏县畜牧兽医局　联系电话：0999-6022339；传真0999-6029359；邮编：835600

新疆农业大学　联系电话：0991-8763453；传真：0991-8763453；邮编：830052

伊犁哈萨克自治州畜牧总站　联系电话：0999-8210017；传真0999-8210017；邮编：835000

伊犁哈萨克自治州昭苏马场　联系电话：0999-6290818；传真0999-6290818；邮编：835602

1　范围

本标准规定了伊犁马饲养管理的养殖环境、饲养管理原则、种马饲养管理、繁殖母马饲养管理、马驹饲养管理、运动马饲养管理、卫生防疫的要求。

本标准适用于伊犁马的饲养管理。

2　规范性引用文件

下列文件对于本文件的应用是必不可少的。凡是注日期的引用文件，仅所注日期的版本适用于本文件。凡是不注日期的引用文件，其最新版本（包括所有的修改单）适用于本文件。

GB 13078　饲料卫生标准

GB 16548　病害动物和病害产品生物安全处理规程

GB/T 16569　畜禽产品消毒规范

GB 18596　畜禽养殖业污染物排放标准

NY/T 388　畜禽场环境质量标准

NY/T 471　绿色食品畜禽饲料及饲料添加剂使用准则

NY 5027　无公害食品　畜禽饮用水水质

NY/T 5339　无公害食品　畜禽养殖兽医防疫准则

DB65/T 3725　标准化马场建设规范

3 养殖环境

3.1 场地环境符合 NY/T 388 的要求。

3.2 饮水水质量符合 NY 5027 的规定。

3.3 设施条件符合 DB65/T 3725 的规定执行。

4 饲养管理原则

4.1 饲养要求

4.1.1 饲养

定时定量、少喂勤添、先粗后精、草短干净、饲料多样。草料种类和饲喂程序不得骤然改变，若调整则需逐渐梯序增减，调整期为 10~15 d。

4.1.2 饮水

水质干净，水温保持适当温度，冬季水温应在 5℃以上。自由饮水，慢饮而充足，不得"热饮、暴饮、急饮"。

4.1.3 饲草料

4.1.3.1 饲草

以禾本科和豆科牧草为宜。青干草干燥优质，色泽绿色，含水量 14% 以下，不含杂物，无发霉变质。

4.1.3.2 饲料

符合 GB 13078、NY/T471 的要求，色泽正常，无异味，无发霉变质，未被有毒、有害物质及病原微生物污染。饲料要多样化，营养成分相互补充，可根据当地饲料种类自行配制，也可根据马匹类型、生长阶段、运动强度等饲喂专用马饲料。

4.1.3.3 饲料添加剂

符合 NY/T 471 的要求。根据马匹类型、生长阶段、运动强度等选择饲料添加剂。

4.1.4 日粮配比

根据马匹性别、年龄、用途、体况、季节、生理状态及运动强度等情况，制定日粮配比。

4.1.5 饲喂量

为其体重的 1.0%~3.0%，其中粗饲料 1.0%~3.0%、精饲料 0~1.5%。

4.2 日常管理

4.2.1 保持饲槽、水槽、工具等用具清洁干净，饲养场地干净卫生，定期清洁打扫和清洗消毒。

4.2.2 舍饲马匹，应根据马匹性别、年龄、生理状态、个体差异、采食快慢以及性情不同，实施分类分槽饲养。牧养马匹，应根据季节变化、草场转换等条件，保障采食量和营养需求，适时补饲。

4.2.3 定期饲喂牧盐，有条件的可自由舔食专用舔砖。

4.2.4 定期修剪马鬃马尾、刷拭马体、修蹄，保持运动量。

4.2.5 仔细观察马匹精神、食欲及健康状况，发现异常及时诊疗。

4.2.6 定期进行马体健康检查，做好防疫、检疫和驱虫工作。

5 种公马饲养管理

5.1 饲养管理要求

5.1.1 4周岁及以上参加配种。保持种用体况，膘情中等偏上，具有旺盛的性欲和优质的精液。种公马饲养管理划分为配种准备期、配种期、体况恢复期、锻炼期4个阶段。

5.1.2 种公马单圈饲养，厩舍宽敞，空气畅通，光线适宜，应保持适宜的运动量和自由运动时间。

5.1.3 根据马匹年龄、体况、体重、季节、精液品质等条件，适时调整各阶段饲草料饲喂量、营养水平、运动量和运动强度。

5.1.4 根据历年配种成绩、体况及精液品质等评定其配种能力，合理安排配种计划，使用适度。

5.1.5 每日定时刷拭马体，定期修蹄。

5.1.6 对马匹须温和耐心，不得粗暴对待，严禁抽打马匹。

5.2 准备期

5.2.1 时期

配种前1~1.5个月为准备期。

5.2.2 饲养

5.2.2.1 根据准备期饲养管理方案，逐渐调整增加精饲料饲喂量，尤其增加蛋白质、维生素、矿物质的需要量；逐渐减少粗饲料的比例。配种前2~3周完全转入配种期饲养。

5.2.2.2 对老龄马匹，须精细饲养，增加青绿多汁饲料。

5.2.3 管理

5.2.3.1 根据准备期饲养管理方案，保障马体清洁和运动量、运动强度。对老龄马匹，适当减少运动量和运动强度。

5.2.3.2 做好采精调教训练，以达到采精要求。对性情暴烈的马匹，须细心调教，使其习惯人工采精。

5.2.3.3　在准备期前、中、末进行精液品质检查，每次检查应连续 3 次，每次间隔 24 h，通过精液检查调整日粮配比和运动量，以达到最佳营养供给水平和运动量。

5.3　配种期

5.3.1　饲养

按配种期饲养管理方案饲养。根据马匹食欲、体况、配种频率、精液品质、气候变化等适当调整营养水平和饲喂量。不得突然更换饲草料种类。

5.3.2　管理

5.3.2.1　保持马匹运动量和运动平衡，不能忽重忽轻，每日上午和下午分别运动 30~50 min。运动时先慢步，中间快慢步结合，最后慢步结束，以颈部微汗为宜。

5.3.2.2　运动后的马匹应刷拭 15~20 min，揉搓四肢腱部，消除疲劳。

5.3.2.3　严格采精制度和作息时间，不得随意变更采精和作息制度。配种和采精前后 1 h 应避免强烈运动。

5.3.2.4　建立马匹健康评估机制，每日检查马匹精神、食欲及健康状况，若发现异常及时诊疗。

5.4　体况恢复期

5.4.1　时期

配种期结束后 1~2 个月，恢复种公马的体力。

5.4.2　饲养

逐渐减少精饲料、增加青饲料饲喂量，调减蛋白质饲料比例。

5.4.3　管理

减少固定运动时间和运动量，增加自由活动时间。

5.5　锻炼期

5.5.1　时期

体况恢复期结束后至配种准备期前的时期，为每年 9 月至翌年 3 月。

5.5.2　饲养

精饲料以能量饲料为主，满足对蛋白质、微量元素及维生素的需求。

5.5.3　管理

加强锻炼，适当增加运动量。

6　繁殖母马饲养管理

6.1　空怀母马饲养管理

6.1.1　饲养

舍饲马应维持饲养水平，保持中等膘情；牧养马应加强冬、春季饲养水平，对膘情欠佳的马匹进行补饲，保证膘情适度。当年配种前 1~2 个月提高饲养水平，增加蛋白质、矿物质和维生素饲料饲喂量。对于过肥的母马应适当减少精饲料，增加优质青干草和多汁饲料。

6.1.2 管理

舍饲马匹，保持自由运动；牧养马匹，保持中等膘情。配种前 1 个月，应对瘦弱马匹加强营养，保障正常发情；对配种马匹进行健康检查，发现有生殖疾病要及时治疗。

6.2 妊娠母马饲养管理

6.2.1 饲养

6.2.1.1 妊娠前期（妊娠前 3 个月），舍饲马匹正常饲喂，以优质青干草和蛋白质较高的饲料为主；牧养马匹要选择优良草牧场放牧，充分自由采食。

6.2.1.2 妊娠中期（妊娠第 4~8 个月），舍饲马匹要加强营养，增加蛋白质饲料和多汁饲料供给；牧养马匹补充饲草料。

6.2.1.3 妊娠后期（妊娠第 9~11 个月），按照胎儿生长发育营养需要，舍饲马匹调配日粮结构，增加蛋白质饲料和多汁饲料供给，补充青绿多汁饲料；牧养马匹要加大饲草料补饲量，增加蛋白质饲料供给。分娩前 2~3 周，适当减少饲草料饲喂量，防止造成母马消化不良。

6.2.1.4 充分饮水，不能空腹饮水和热饮。

6.2.2 管理

精心护理，自由运动，不得肆意驱赶马群，不能强烈运动和造成应激反应。舍饲马匹，保持厩舍卫生，马匹进出厩舍防止挤碰。

6.3 哺乳母马饲养管理

6.3.1 饲养

6.3.1.1 舍饲马匹，增加优质青干草、蛋白质饲料和多汁饲料供给量，产后 3 个月日粮干物质中的蛋白质含量应保持在 12.5%~14% 的水平。牧养马匹，充分放牧采食牧草；对瘦弱母马，要补充优质青干草和蛋白质饲料供给量。补充充足的盐和钙。

6.3.1.2 自由充足饮水。产后 1 个月内，要饮温水，水温 5~15℃ 为宜，有利于加速子宫恢复。

6.3.2 管理

6.3.2.1 分娩前，对产房清扫消毒，保持温暖、干燥、卫生。舍饲马匹，要勤观察，及时接产；牧养马匹，要就近放牧，加强管护。

6.3.2.2 精细管理，自由运动，使母马尽快恢复体力。

6.3.2.3 人工授精或牵引交配母马，产后 7~20 d 要注意观察母马发情情况，以便及时配种。

7 幼驹饲养管理

7.1 饲养

7.1.1 出生后的幼驹要及时吃足初乳。产后 2 h 幼驹不能站立，应人工挤出初乳饲喂幼驹，1 d 饲喂 3~5 次。

7.1.2 幼驹出生后 1~3 个月，以母乳为主、补饲为辅，补饲时间与母马饲喂时间一致，精饲料营养全价、易消化，饲草为优质禾本科牧草和豆科牧草。幼驹出生后 10~15 d 开始训练吃草吃料，1 月龄后逐渐增加补饲量，到 3 月龄后加强补饲，精饲料饲喂量为体重的 2.5%。

7.1.3 适时断奶，幼驹在 5~6 月龄断奶，饲喂优质青干草和全价日粮，精饲料量占日粮的 1/3。

7.1.4 马驹 1 岁后，公母分群、瘦弱分群饲养，1.5 岁精饲料饲喂量达到成年马水平；对具有种用价值的，精饲料饲喂量再增加 15%~20%，且精饲料中蛋白质饲料量占 30%。

7.1.5 自由清洁饮水。自由舔食矿物质复合舔砖，钙、磷配比合理，矿物质种类丰富。

7.2 管理

7.2.1 幼驹产后 5~10 min 断脐，做好消毒；24 h 内排出胎粪，若胎粪排出困难，可用液态石蜡油 10~20 mL 注入肛门内促进排粪。

7.2.2 幼驹 3 月龄开始亲和训练，刷拭马体；定期修蹄护蹄，保持正常的蹄型和肢势。

7.2.3 幼驹断奶后，选择优秀马驹开展打圈训练，学习掌握指令；坚持由简到繁、循序渐进的原则，12 月龄开始脱敏训练、调教训练。

7.2.4 马驹 2 岁后，对没有种用价值的公马进行去势。

8 运动马饲养管理

8.1 饲养

8.1.1 日粮蛋白质供给水平 12%~14%，以精饲料为主、青干草为辅，精饲料占日粮的 40%~50%，蛋白质含量 16%~18%；青干草质量优良，蛋白质丰富，适口性好，易消化，蛋白质含量 7%~18%。

8.1.2 根据调教训练、运动类型、赛事强度等调整精饲料饲喂量，在轻度调训时，可以适当降低精饲料饲喂量；在强度训练或比赛时，可以适当增加精饲料饲喂量。

8.2 管理

8.2.1 马匹单厩（舍）饲养，安静舒适，定人定马责任管理。

8.2.2 厩（舍）内铺覆松散垫草（料）15～20 cm，垫草（料）吸湿性好、干净灰尘少、无霉菌和杂物。

8.2.3 保持厩（舍）干净卫生，每日定时清除厩（舍）内粪尿和污物，清刷饲槽、水桶等设施设备，清扫地面。

8.2.4 马厩（舍）外应有逍遥运动场，白天除训练和饲喂外，将马匹放入运动场自由运动，夜间进厩（舍）休息。

8.2.5 马匹空腹不训练，喂饱后 1 h 内不训练，训练或比赛时先做准备活动而后正式训练。训练或比赛结束后，应下马稍松肚带，慢步牵遛 10～15 min；30 min 内不饮水不饲喂，疲劳的马匹待生理恢复正常再饮水和饲喂。

9 卫生防疫

9.1 圈舍及环境卫生

符合 NY/T 388 的要求。

9.2 消毒

符合 GB/T 16569 的要求。

9.3 防疫和驱虫

9.3.1 防疫

符合 NY/T 5339 的要求。根据当地流行病学制定适宜的免疫程序，选择具有正式批准文号的疫苗。

9.3.2 驱虫

科学驱虫，定期进行马匹粪便虫卵检测，确定驱虫时间。驱虫药品选择广谱、毒副作用小、高效安全的驱虫药物，并交替、联合使用。种公马每季度驱虫 1 次，育成马、成年马春秋各驱虫 1 次，断奶马驹断奶后驱虫。

9.4 废弃物

符合 GB 18596、GB 16548 的要求。不准出售病死马。粪便堆积发酵腐熟作为肥料处理，严禁乱扔乱弃。

【地方标准】

乳用马饲养技术规程
Feeding technology of dairy horse

标准号：DB65/T 3813—2015

发布日期：2015-10-15　　　　　　　　　实施日期：2015-12-01

发布单位：新疆维吾尔自治区质量技术监督局

前　　言

本标准根据 GB/T 1.1—2009《标准化工作导则　第 1 部分：标准的结构和编写》要求编写。

本标准由新疆维吾尔自治区畜牧厅提出。

本标准由新疆维吾尔自治区畜牧厅归口。

本标准由新疆农业大学负责起草。

本标准主要起草人：刘武军、杨开伦、刘玲玲、耿明、祁居中、何美升、谭小海、邓海峰、李晓斌。

1　范围

本标准规定了乳用种公马的饲养管理、母马的饲养管理及马驹的饲养管理。

本标准适用于伊犁乳用马的饲养。

2　术语和定义

下列术语适用于本文件。

2.1　日粮 ration
指一昼夜一头家畜所采食的各种饲料组分的总和。

2.2　精料 concentrate
指含粗纤维少、消化率高、在单位重量或体积内营养价值较高的饲料，如玉米、高粱、大豆、豆饼等动物性饲料。

2.3　粗料 roughage
指富含纤维素、消化率低、在单位重量或体积内营养价值较低的饲料，如牧草、野草、秸秆谷壳及用其制作的青贮和干草等。

3 种公马饲养

3.1 非配种期

精料占总营养的 40%~50%，蛋白质保持在 10%。此期可适当减少豆科饲料的供给量，增加易消化的含碳水化合物丰富的饲料，注意矿物质、维生素的补充。进行适当的放牧。

3.2 配种期

以精料为主，占总营养的 50%~60%。蛋白质保持在 13%~14%，纤维素在 25% 以下。由于每形成 1 mL 马的精液需要蛋白质 30 g，因此对配种任务大的公马需饲喂动物性蛋白质饲料（牛奶、鸡蛋）和补充矿物质、维生素。

4 母马的饲养

4.1 母马空怀期的饲养

空怀期母马体重下降较快，需要提高营养，促进发情。粗料为每天 8~12 kg，精料为每天 3~4 kg。粗料可以是优质苜蓿、羊草。其中精料参考配方为：燕麦 35%、黄豆 15%、黑豆 12%、麸皮 10%、玉米 15%、葵花籽 10%、矿物质 3%。

4.2 母马妊娠期的饲养

妊娠母马日粮的饲喂量要逐渐增加，初期量少、质优；后期量和质并重。日粮尤应注意蛋白质、矿物质和维生素的供给。妊娠最后 90 d，母马日粮蛋白质含量不低于 12%，精料应为日粮总量的 25%~35%，同时视马的膘情而定。饲料类型应属于生理碱性，水质清洁，水温 7~8℃。妊娠后期可增加饲喂次数，减少每次喂量。

4.3 马泌乳期的饲养

4.3.1 营养需要

在泌乳的头 3 个月，母马的营养需要更高。每天需要大约 28 Mcal[①] 的消化能量、1.4 kg 蛋白、56 g 钙、36 g 磷。在泌乳早期，假设体重为 450 kg 的母马，每天产 13.62 kg 奶，每千克奶含有 2.2% 的蛋白及 475 kcal 的消化能。这样才能满足马驹每天 0.9~1.3 kg 的生长速度。

4.3.2 泌乳期饲养

母马的产奶高峰大约在泌乳期前 2 个月，之后便逐渐降低。精料应占日粮总量的 45%~50%。但是精料所需的数量取决于干草和牧地的质量，母马泌乳

----

① 1 Mcal=4.184 MJ。

力、体况和其他因素。总日粮蛋白质应在 12.5% ~ 14%。如果混合精料在日粮中占 50%，那么粗饲料应含蛋白质不低于 10%，以保证日粮蛋白质也含有10% 的蛋白质。一般情况下，每 100 kg 体重供给 2.2 ~ 2.5 kg 粗饲料。泌乳最旺盛的时期母马每天饮水 50 ~ 70L。并补喂盐。

5　马驹的饲养

5.1　哺乳驹

幼驹出生后要及时吃初乳，出生后 10 ~ 15 d 即随母马吃些饲料，1 ~ 3 月龄时以母乳为主，补饲为辅；日粮蛋白质在 16%，钙、磷含量分别为 1.3% ~ 1.5%、0.8% ~ 1%；精料由 70% 逐月降低，粗料由 30% 逐月上升，在 3 ~ 6 月龄时，草料和精料定额要达到 50% 的比例。同时，注意维生素、矿物质的补饲。

5.2　断乳驹

幼驹一般 6 ~ 7 月龄断乳，骨骼生长很快，消化能力增强，饲草含量为56%，添加剂含量为 10%；总采食量（干物质基础）按照每 100 kg 体重给予2.5 kg 定额。

【地方标准】

伊犁马（乳用型）生产性能测定技术规程
Technical procedures of Yi Li Hores（dairy type）production performance test

标准号：DB65/T 3654—2014

发布日期：2014-09-29　　　　　　　　实施日期：2014-10-29

发布单位：新疆维吾尔自治区质量技术监督局

前　　言

本标准根据 GB/T 1.1—2009《标准化工作导则　第 1 部分：标准的结构和编写》要求编写。

本标准由新疆维吾尔自治区畜牧厅提出。

本标准由新疆维吾尔自治区畜牧厅归口。

本标准由新疆农业大学负责起草。

本标准主要起草人：刘武军、叶东东、何美升、唐伟、耿明、邓海峰、刘玲玲、王军、李海、祁居中、孟军、姚新奎。

1　范围

本标准规定了伊犁马（乳用型）生产性能测定定义及内容。

本标准适用于伊犁马（乳用型）生产性能测定。

2　规范性引用文件

下列文件对于本文件的应用是必不可少的。凡是注日期的引用文件，仅所注日期的版本适用于本文件。凡是不注日期的引用文件，其最新版本（包括所有的修改单）适用于本文件。

GB 5009.5　食品安全国家标准　食品中蛋白质的测定

GB 5413.3　食品安全国家标准　婴幼儿食品和乳品中脂肪的测定

GB 5413.5　食品安全国家标准　婴幼儿食品中乳糖、蔗糖的测定

3 术语及定义

下列术语和定义适用于本文件。

3.1 生产性能测定 production performance test

对伊犁马的泌乳性能、乳成分以及体细胞数的测定。

4 生产性能测定内容

4.1 测定内容

测定内容包括日产奶量、月产奶量、全期产奶量、150 d 产奶量、乳成分和体细胞数等，采样操作规 范及产奶量测定见附录 A。

4.2 测定对象

测定对象为分娩后至干奶期（即实际泌乳期）的伊犁马。

4.3 测定间隔时间

测定时间为 30 d±5 d。

4.4 测定操作程序

4.4.1 待测马基本信息

马场应具备参与生产性能测定的母马系谱、繁殖记录及详细的生产资料。

4.4.2 采样

每天采样 4 次，采样时间分别为 11∶00、13∶00、16∶00、18∶00，每匹马每个时间点采样 30 mL，样品按 2∶2∶4∶2 的比例混匀后，取样 30 mL。

4.4.3 乳样的保存与运输

将乳样冷藏于 0~4℃条件下，3 d 之内送检。

4.5 乳样的测定内容

4.5.1 乳成分测定

乳成分测定主要指乳脂率、乳蛋白率、乳糖率等，其测定见附录 B。乳成分测定设备的校准见附录 C。乳成分测定标样及控制样制作方法见附录 D。

4.5.2 体细胞数测定

测定乳样中的体细胞数（主要是由白细胞和少量脱落乳腺上皮细胞构成），详细测定见附录 E。

4.6 数据处理及形成报告

数据处理及报告制作见附录 F、附录 G。

附录 A
（规范性附录）
采样操作规范和产奶量测定

A.1 采样的准备

标有样品号的采样瓶，保温箱（0~4℃），采样记录本等，采样记录本上要记录好马场号、采样次数、采样日期、采样具体时间、样品号等。

A.2 采样操作

A.2.1 1 天采样 4 次，每匹马每天共采样 30 mL，采样时间分别为 11：00、13：00、16：00、18：00，每匹马的每个时间点采样 30 mL，样品按2：2：4：2 的比例混匀，采用手工挤乳的方式采样。

A.2.2 采好的样品应当立即放入 0~4℃保温箱。

A.2.3 手工挤乳，挤乳前擦拭乳房，并消毒双手，将马乳挤入量杯。将乳样从量杯取出后，应把量杯中的乳完全倒空。

A.2.4 每完成一次采样轻轻摇晃混匀即可，切勿重晃。

A.3 测量器具的清洗

每次采样结束后，应清洗量杯并进行消毒。

A.4 产奶量测定

A.4.1 日产奶量

每次挤奶结束后准确计数，将每天各次挤奶计数相加即为该马的日产奶量。

A.4.2 月产奶量

月产奶量（kg）= $M_1 \times D_1 + M_2 \times D_2 + M_3 \times D_3 + M_4 \times D_4$

式中：

M_1、M_2、M_3、M_4 为该泌乳月内 4 次测定日全天产奶量；

D_1、D_2、D_3、D_4 为该泌乳月测定的时间间隔。

A.4.3 150 d 产奶总量

产驹后第一天开始到 150 d 为止的总产奶量。不足 150 d 的，按实际产奶量，并注明泌乳天数；超过 150 d 的，超出部分不计算在内。

A. 4. 4　150 d 标准乳量

个体的总产奶量校正到乳脂率为 2.0% 的 150 d 的产奶量。

A. 4. 5　平均乳脂率

$$平均乳脂率=\frac{F_1×第\ 1\ 月产奶量+\cdots F_5×第\ 5\ 月产奶量}{1\sim5\ 月总产奶量}$$

式中：

F_1 指第 1 个泌乳月的平均乳脂率；

F_5 指第 5 个泌乳月的平均乳脂率。

A. 4. 6　平均乳蛋白率

方法同 A. 4. 5。

A. 4. 7　平均乳糖率

方法同 A. 4. 5。

A. 4. 8　150 d 总乳脂量

150 d 总乳脂量＝平均乳脂率×150 d 总产奶量

A. 4. 9　150 d 总乳蛋白量

方法同 A. 4. 8。

A. 4. 10　150 d 总乳糖量

方法同 A. 4. 8。

附录 B
（规范性附录）
乳成分测定

B.1 仪器选择

乳成分测定使用的仪器是近红外光谱测量分析仪。其原理是通过监测红外光束在穿过脂肪、蛋白质、乳糖的滤光片后所产生的能量变化来判断以上成分的多少。

B.2 仪器性能检查

B.2.1 检查调零液与清洗液的容量，保证充足。

B.2.2 仪器需预热 3 h 以上，开机后用蒸馏水进行调零及清洗操作，在恒温水浴锅中加入适量的水，将水温恒定在 42℃，预热控制样（成分已知）15 min。

B.2.3 调零结束后用控制样对仪器进行重现性及真值偏差检测，测 2 次。

B.2.4 控制样 2 次测定结果在误差允许范围内（±0.05%）方可开始测样。反之，进行调零操作并查找原因。

B.3 乳样测定

B.3.1 将样品进行加热，并记录样品号。

B.3.2 将样品放入水浴锅中 15~20 min，即可达到测定的温度 42℃±1℃。加热时间不能超过 45 min，加热过程中应检查有无腐败或异常乳，剔除并记录腐败或异常乳。

B.3.3 测定过程中，定时对仪器进行自动清洗及调零操作。

B.3.4 测定结束后，导出自动得出的乳成分的各个数据，以供分析。

B.4 注意事项

B.4.1 每隔 2 h 用控制样对仪器进行重现性及真值偏差检测。

B.4.2 在完成全部测定后，用加热到 60℃的蒸馏水对仪器进行清洗。

B.5 乳成分数据异常样品处理

B.5.1 对乳成分数据异常样品的范围：乳脂肪率测定结果>3%或<0.5%，乳蛋白率>4%或<1%，乳糖率测定结果>8%或<4%。

B.5.2 对乳成分数据异常样品的处理：遇到异常数据时需要重新测定，重测时，两次测定结果之差小于0.05%，则选择第一个结果，若大于0.05%，则需继续重测；在几次测定结果中，如有任意两个结果之差大于0.10%，此样品则应废弃，需重新采样再测定。在接受新的数据时，乳脂肪、乳蛋白和乳糖应成对改变。

附录 C
（资料性附录）
乳成分测定仪器设备的校准

C.1 流量计的校准

C.1.1 校准间隔：每 3 个月校准一次。

C.1.2 校准方法：将 5.0 kg 水加入水桶内，将吸管与流量计接口接上，将水吸入，完好的流量计数据应在 4.9~5.1 kg。

C.2 乳成分测定仪的校准

C.2.1 校准间隔时间：每 1 个月校准一次。

C.2.2 校准项目：乳蛋白率、乳脂肪率、乳糖率。

C.2.3 校准用标准乳样：每套标准含有 9 个点。

C.2.4 校准方法：按仪器使用说明书的校准方法。

C.2.5 仪器常规性检查：仪器的稳定性，仪器的损耗等。

C.3 仪器的校准应有记录存档

记录内容：设备名称、编号、校准原因，校准前数据、校准后数据、校准人员等。

附录 D
（资料性附录）
乳成分测定标样及控制样的制作方法

D.1　乳成分测定标样制作

D.1.1　把脱脂乳混合在含脂率为 2.0% 的新鲜生乳中，配制成含脂率为：0.1%、1.0%、1.0%、1.5%、1.5% 的乳。

D.1.2　准备含脂率为 2.0% 的马乳。

D.1.3　用分离出的乳油加入 2.0% 的乳中，分别制作乳样含脂率为 2.5%、3.0%、4.0%。

D.1.4　加入重铬酸钾，加入量为：0.06 g/100 mL。

D.1.5　将已经配好的 9 个乳样分别放入水浴锅中，经过 63℃、20 min 水浴杀菌，取出冷却至 42℃，摇匀，分装，贴上标签，置于冰箱冷藏（0~4℃），以待运输及检验。

D.1.6　样品中乳脂肪、乳蛋白和乳糖的化学测定分别按照 GB 5413.3、GB 5009.5、GB 5413.5 进行。

D.2　控制样的制作方法

D.2.1　观察做剩的乳样，挑选其中乳脂率较高、体细胞数较大的乳样混合在一个大烧杯内，分装成 7 份。任意取一份放入 42℃ 的水浴中预热 15 min。测定其乳成分和体细胞数，并且记录数据。其余的在 2~7℃ 的条件下保存。再挑选乳脂肪率较低和体细胞数较少的乳样，制作方法同上。每周用制作的高、低样来检查仪器的稳定性。

附录 E
（规范性附录）
体细胞数的测定

E.1 仪器选择

体细胞数测定使用的是荧光光电计数体细胞仪。其原理是：样品在荧光光电计数体细胞仪中与染色缓冲溶液混合后，由显微镜感应细胞核内脱氧核糖核酸染色后产生荧光的染色细胞，转化为电脉冲，经放大记录，直接显示读数。

E.2 仪器性能检查

E.2.1 检查染色液与清洗液的容量，保证充足。

E.2.2 开机后测定标准样品，连续测定 5 次，测定结果平均值与标准值相对误差应≤10%，反之，调节仪器。

E.3 体细胞数测定

E.3.1 将样品进行加热，并记录样品号。

E.3.2 将样品放入水浴锅中 20～25min，即可达到测定的温度 40℃±1℃。加热时间不能超过 45min，加热过程中应检查有无腐败或异常乳，剔除并记录腐败或异常乳。

E.3.3 测定结束后，导出自动得出的体细胞数据，以供分析。

E.4 注意事项

在完成全部测定后，用加热到 60℃的清洗液对仪器进行清洗。

E.5 对体细胞数数据异常样品处理

E.5.1 数据异常样品的范围：体细胞数<5 000 个/mL 的为数据异常样品。

E.5.2 乳体细胞数数据异常样品的处理准则：体细胞数<5 000 个/mL，二次重测结果的差<1 000 个/mL，宜取用低的那个数据。若测定结果的差>1 000 个/mL，样品需进行第三次重测，然后用上述方法取一个合适结果，如重复性很差，就不能使用该测定结果，需考虑重新采样。

附录 F
（资料性附录）
马群资料报表

马群中各种资料报表格式见表 F.1~表 F.3。

表 F.1　采样记录

马场名称：

样品号	个体号	采样日期	采样时间	日产奶量/kg	备注

表 F.2　马场成年母马资料报表

马场名称：

个体号	出生日期	父号	母号	外祖母号	外祖父号	体重/kg	体尺/cm		分娩日期

表 F.3　马场泌乳马淘汰资料报表

马场名称：

个体号	平均泌乳天数/d	前一个泌乳期产奶量/kg	每个泌乳期平均产奶量/kg	淘汰日期	淘汰原因

附录 G
（资料性附录）
生产性能测定分析报告

G.1 软件要求

测定数据处理及报告制作软件应为性能稳定、质量可靠的专用软件。

G.2 数据处理

乳样测定完成后，汇总马场马群资料报表、乳成分测定记录和体细胞数测定记录。将数据导入生产性能测定数据处理分析软件，并计算出日产奶量、月产奶量、实际产奶总量、150 d 标准乳量、150 d 乳脂量、150 d 乳蛋白量、150 d 乳糖量等，为马场提供详细的生产性能测定分析报告。

G.3 生产性能测定分析报告

分析报告应包括干乳马报告、体细胞数追踪报告、生产性能测定报告和马群汇总管理报告等。具体见表 G.1~ 表 G.4。

表 G.1　干乳马报告

个体号	胎次	产驹日期	干乳日期	泌乳天数 /d	高峰日产奶量 /kg	高峰日 /d	150 d 产奶量 /kg	150 d 乳脂量 /kg	150 d 蛋白量 /kg	150 d 乳糖量 /kg	实际泌乳天数 /d	实际总泌乳量 /kg

表 G.2　体细胞数追踪报告

个体号	马圈	胎次	泌乳天数 /d	日产奶量 /kg	本次 SCC ×10³ 个/mL	前次 SCC ×10³ 个/mL

表 G.3　生产性能测定报告

样品号	个体号	分娩日期	泌乳天数/d	胎次	日产奶量/kg	月产奶量/kg	平均乳脂率/%	平均乳蛋白率/%	平均乳糖率/%	平均体细胞数/(10³/mL)	乳损失/kg	高峰天数/d	高峰日产奶量/kg	150 d总产奶量/kg	150 d标准乳量/kg	150 d总乳脂量/kg	150 d总乳蛋白量/kg	150 d总乳糖量/kg

表 G.4　马群汇总管理报告

泌乳天数/d	测定马匹数	日产奶量/kg	月产奶量/kg	150 d总产奶量/kg	150 d标准乳量/kg	乳脂率/%	乳蛋白率/%	乳糖率/%	脂蛋比	体细胞数/(×10³个/mL)
1~30										
31~60										
61~90										
91~120										
121~150										

【地方标准】

乳用马标准化挤奶的技术规程
Technology procedures of
standardized milking in dairy horse

标准号：DB65/T 3812-2015
发布日期：2015-10-15 　　　　　　　　实施日期：2015-12-01
发布单位：新疆维吾尔自治区质量技术监督局

前　　言

本标准根据 GB/T 1.1—2009《标准化工作导则　第 1 部分：标准的结构和编写》要求编写。

本标准由新疆维吾尔自治区畜牧厅提出。

本标准由新疆维吾尔自治区畜牧厅归口。

本标准由新疆农业大学负责起草。

本标准主要起草人：刘武军、何美升、武运、耿明、王军、高程程、邓海峰、唐伟。

1　范围

本标准规定了乳用马乳房特征、生马捕捉、马匹保定、人工挤奶操作要求等内容。

本标准适用于放牧养马区、舍饲马场以及散养户挤奶。

2　规范性引用文件

下列文件对于本文件的应用是必不可少的。凡是注日期的引用文件，仅所注日期的版本适用于本文件。凡是不注日期的引用文件，其最新版本（包括所有的修改单）适用于本文件。

NY/T 5049　无公害食品　奶牛饲养管理准则

GB 6914　生鲜牛乳收购标准

3　术语和定义

下列术语和定义适用于本文件。

3.1　挤奶量 milk yield

指泌乳期内一匹母马每次挤奶所得的奶量。

3.2　泌乳期 lactating period

指母马产驹后，从泌乳开始至泌乳结束的整个时期。

3.3　泌乳 lactation

指乳汁在乳腺内形成、贮存和排出（挤乳和吮乳）乳汁的过程。

3.4　产奶量（全泌乳期乳量）milk production

指母马个体自产驹后开始至下次临产前干乳为止的产奶量累积总和。

3.5　保定 immobilization

用人力、器械或化学药品控制马匹，以便能安全、顺利地进行各种检查和治疗等的一种方法。

4　乳房特征

乳房呈碗状，乳房悬韧带和结缔组织把乳房分成两个独立的乳区，每个乳区有一个乳头；乳头位于每个乳区的中央，正常乳头长度 3 cm 左右，直径 2 cm 左右，乳头远端形态以圆略带外突为健康乳头。

5　生马的捕捉

5.1　套马

准备一条 10 m 左右的长绳或者套马杆，在活动场内进行套马。

5.2　笼头佩戴

利用抚摸、刷拭、饲料诱导与奖励等方法，使生马不怕人，便于笼头的佩戴。

5.3　缰绳要求

缰绳粗细适中，结实耐用，长度 5 m 为宜。

5.4　马驹保定

将一条 30 m 左右的长绳挖坑填埋，马驹绑于长绳之上，马驹之间间隔 2m 为宜，一条绳索不超过 15 匹。

6　母马保定

6.1　没有挤奶经历的母马，会抗拒挤奶操作，因此挤奶前要对母马进行保定。

6.2　将绳索一端绑于马体颈部，另一端绕过右后腿，最后回绑于颈部，使马匹不能前后移动。

6.3　性烈母马，在方法 6.2 的基础上，再绑住两前腿，防止其挣脱。

6.4 母马保定时，不要随意走动、大声喧哗，防止马匹受惊。

7 人工挤奶操作要求

7.1 挤奶前准备

7.1.1 挤奶人员身着工作服，洗净双手。

7.1.2 经常清理母马乳房周围、后躯杂质和污垢，避免杂物落入乳中。

7.1.3 准备好清洁的集乳桶、盛有温消毒液擦洗桶以及热毛巾。

7.1.4 用专用消毒湿毛巾擦拭乳房和乳头，用完应消毒（每匹马一条毛巾），拧干后再用。消毒工作按照标准 NY/T 5049 执行。

7.1.5 用双手按摩乳房，使乳房膨胀，皮肤表面血管扩张，皮温升高，这是乳房放乳的象征，要立即挤出。

7.1.6 挤奶前乳汁检查：将头两把奶挤在乳汁检查杯中，观察乳汁有无异常。如有，应收集在专门容器内，不可挤入奶桶中。

7.2 挤奶操作方法

7.2.1 挤奶前，放驹吮吸马乳，以刺激排乳。

7.2.2 在马体左侧后 1/3 处，与马体纵轴呈 45°的夹角，将奶桶挂于右手腕上，右膝跪地，然后进行挤奶。

7.2.3 挤奶时，要用手的全部指头把乳头握住，从手底几乎看不见乳头，用全部指头和关节同时进行。

7.2.4 使握拳的下端与乳头的游离端齐平，以免乳汁溅到手上而被污染。要用力均匀，挤乳速度以每分钟 120～150 次为宜，特别在母马排乳速度快时应加快挤乳。

7.2.5 对于乳头短小的母马，以拇、食指挟住乳头颈部，向下滑动，将乳抒出。

7.3 挤奶后乳头药浴

7.3.1 使用乳头专用消毒液，保证消毒液的浓度，做好相关记录。

7.3.2 药液浸入乳头根部，持续 30 s。

7.4 乳汁的贮藏

7.4.1 鲜奶从挤出至加工前防止污染，质量应符合 GB 6914 的规定。

7.4.2 挤出的鲜奶移至储奶桶后，要立即进行发酵，发酵过程中要搅拌。

7.4.3 储奶桶置于阴凉通风处，适时检查发酵情况。

【团体标准】

哈萨克特色乳制品
酸马乳生产工艺规范
Technical specification for the
production of Kazak characteristic
dairy products−Koumiss

标准号：T/DAXJ 007—2021
发布日期：2021-08-01　　　　　　　　实施日期：2021-10-01
发布单位：新疆维吾尔自治区奶业协会

前　　言

本标准按照 GB/T 1.1—2009《标准化工作导则　第 1 部分：标准的结构和编写》规定的格式要求进行编制并确定规范性技术要素内容。

本标准由新疆维吾尔自治区奶业协会提出并归口。

本标准为首次发布。

本标准起草单位：新疆农业科学院农业质量标准与检测技术研究所、新疆农业大学。

本标准主要起草人：赵艳坤、邵伟、任万平、郭璇、王立文、肖凡、陈贺、王富兰、王帅。

引　　言

为促进新疆哈萨克特色乳制品产业发展，规范生产工艺，提升哈萨克特色乳制品品质，保证食品安全，根据修订后的《新疆维吾尔自治区奶业条例》《乳品质量安全监督管理条例》，以团体标准形式指导哈萨克特色乳制品——酸马乳的生产。

新疆维吾尔自治区奶业协会颁布《哈萨克特色乳制品酸马乳生产工艺规范》（新奶协发〔2021〕11 号）。

1　范围

本标准规定了酸马乳的术语与定义、基本要求、生产工艺管理、标志、包装及运输、贮存。

2 规范性引用文件

下列文件对于本文件的应用是必不可少的。凡是注日期的引用文件，仅注日期的版本适用于本文件。凡是不注日期的引用文件，其最新版本（包括所有的修改单）适用于本文件。

GB/T 191　包装储运图示标志

GB 5749　生活饮用水卫生标准

GB 7718　食品安全国家标准　预包装食品标签通则

GB 12693　食品安全国家标准　乳制品良好生产规范

GB 28050　食品安全国家标准　预包装食品营养标签通则

DBS 65/015　食品安全地方标准　生马乳

3 术语与定义

下列术语和定义适用于本文件。

3.1 酸马乳

以生马乳为原料，经净乳、杀菌、接种、发酵等工艺制成的 pH 值降低的特色乳制品。

4 基本要求

4.1 原辅料要求

4.1.1　原料乳

应符合 DBS 65/015 的规定。

4.1.2　其他原料

应符合相应食品安全标准的规定。

4.2 厂房要求

应符合 GB 12693 中第 5 章要求。

4.3 生产用工器具及设备要求

应符合 GB 12693 中 6.1 要求。

4.4 人员健康与卫生要求

应符合 GB 12693 中 7.4 要求。

4.5 厂房及设施卫生要求

应符合 GB 12693 中 7.2 要求。

4.6　原料和包装材料要求

应符合 GB 12693 中第 8 章要求。

4.7　食品安全控制要求

应符合 GB 12693 中第 9 章要求。

4.8　出厂产品检验要求

应符合 GB 12693 中第 10 章要求。

5　生产工艺管理

5.1　净乳

原料乳用净乳机或食品级滤袋净乳，去除草根、动物毛发、粪便等杂质。

5.2　杀菌

原料乳采用高温巴氏杀菌法杀菌，杀菌条件为 80~95℃，保温 15 s。或采用瞬间灭菌法（UHT），杀菌条件为 125~145℃，1~2 s。

5.3　接种

原料乳杀菌后，泵入发酵容器中，冷却，接种经自然发酵成熟的酸马乳作为酵引（酵引中微生物应以乳酸菌、酵母菌为优势菌群），搅拌均匀，接种量占鲜马乳 5%~20%。

5.4　发酵

发酵温度 18~25℃，发酵过程中间歇性搅拌，至酸度达到 80~95°T，冷却至 4~6℃后熟 1 天。

6　标志、包装

6.1　标志

运输包装标志应符合 GB 7718、GB 28050 的规定，标明：产品名称、质量（重量）及数量、厂名、厂址、生产日期、保质期及符合 GB/T 191 的有关包装储运图示标志。

6.2　包装

产品包装材料、容器应整洁、卫生、无破损，包装材料、容器应符合食品安全标准和有关规定，包装应严密、无泄漏。

7　运输、贮存

7.1　运输

酸马乳应在 0~4℃运输，所用工具应清洁卫生，防止日晒、雨淋、重压，不得与有毒、有害、易腐败变质、有腐蚀性或有异味的物品混运。搬运产品应轻拿轻放，严禁摔扔、撞击、挤压。

7.2 贮存

酸马乳应在 0~4℃贮存，应贮存于清洁、干燥的环境中。具有防虫、防蝇、防鼠设施。严禁与有毒、有害、易腐败变质、有腐蚀性或有异味的物品混放。

第五章　其他标准

【国家标准】

马鼻肺炎病毒 PCR 检测方法
Protocol of PCR for equine
rhinopneumonitis virus

标准号：GB/T 27621—2011
发布日期：2011-12-30　　　　　　　　　实施日期：2012-04-01
发布单位：中华人民共和国国家质量监督检验检疫总局　中国国家标准
化管理委员会

前　　言

本标准按照 GB/T 1.1—2009 给出的规则起草。

本标准由中华人民共和国农业部提出。

本标准由全国动物防疫标准化技术委员会（SAC/TC181）归口。

本标准起草单位：新疆农业大学。

本标准主要起草人：冉多良、单文鲁、马伟、王传锋、张伟。

1　范围

本标准规定了马鼻肺炎病毒的 PCR 检测方法。

本标准适用于马匹的流通和进出境检疫实施马鼻肺炎的现场检疫和后续监管工作。一步法 PCR 检测技术适用于实验室细胞毒样品检测；巢式 PCR 检测技术适用于临床疑似样品及细胞毒样品检测。

2 规范性引用文件

下列文件对于本文件的应用是必不可少的。凡是注日期的引用文件，仅注日期的版本适用于本文件。凡是不注日期的引用文件，其最新版本（包括所有的修改单）适用于本文件。

GB/T 6682 分析实验室用水规格和试验方法

3 缩略语

下列缩略语适用于本文件。

EHV：equine rhinopneumonitis，马传染性鼻肺炎。

RNA：ribonucleic acid，核糖核酸。

CPE：cytopathic effect，细胞病变。

EB：ethidium bromide，溴化乙锭。

EDTA：ethylene diaminetetraacetic acid，乙二胺四乙酸。

SDS：sodium dodecy lsulfate，十二烷基磺酸钠。

BHK-21：baby hamster kidney cell，仓鼠幼肾细胞。

PBS：phosphate buffer sodium，磷酸盐缓冲液。

4 试剂和材料（试剂不经注明，均为分析纯）

4.1 水：符合 GB/T 6682 中一级水的规格。

4.2 RNA 酶 A。

4.3 酚-三氯甲烷。

4.4 2%琼脂糖凝胶：见 A.1。

4.5 溴化乙锭（10μg/μL）：见 A.2。

4.6 DNA 聚合酶（5U/μL）。

4.7 50×TAE 电泳缓冲液（pH 8.5）：见 A.3。

4.8 10×PCR Buffer（plus Mg^{2+}）。

4.9 2.5 mmol/mL dNTP。

4.10 蛋白酶 K（20 mg/mL）。

4.11 BHK-21 细胞。

4.12 含2%犊牛血清的 MEM 维持液。

4.13 0.3 mol/L 乙酸钠。

4.14 0.01 mol/LPBS 缓冲液（pH 7.2）：见 A.4。

4.15 SDS。

4.16 10×TE 缓冲液（pH 8.0）：见 A.5。

4.17 无水乙醇：

4.18 70%乙醇。

4.19 Tris 饱和酚（pH 8.0）。

4.20 分子质量标准 DL 2000。

5 器材和设备

5.1 低温冷冻高速离心机。

5.2 倒置显微镜。

5.3 CO_2 恒温培养箱。

5.4 普通冰箱和超低温冰箱。

5.5 组织研磨器。

5.6 1.5 mL 离心管。

5.7 PCR 扩增仪。

5.8 水平电泳槽。

5.9 微量移液器及吸头。

5.10 紫外照射仪或凝胶成像仪。

6 EHV 的分离

6.1 采样

取马流产胎儿病料的肺、脾或淋巴组织，疑似病驹呼吸系统的鼻咽拭子 3 根。

6.2 样品处理

组织样品 2 g 与 2 mL 0.01 mol/L PBS 缓冲液置于组织研磨器中研磨匀浆，反复冻融 3 次；鼻咽拭子 3 根在 2 mL 0.01 mol/L PBS 缓冲液中洗脱，反复冻融 3 次，离心取上清。

6.3 病毒增殖

将毒种接种到单层的 BHK-21 细胞上，37℃吸附 1 h，加适量含 2%犊牛血清的 MEM 维持液，CO_2 恒温培养箱 37℃静置培养，利用倒置显微镜逐日观察 CPE，48 h 后当 CPE 达 85%以上时收毒，冻存于-70℃冰箱备用。

7 EHV 的 PCR 检测

7.1 样品处理

组织样品 2 g 与 2 mL 0.01 mol/L PBS 缓冲液研磨匀浆，反复冻融 3 次；鼻咽拭子3根在2 mL 0.01 mol/L PBS缓冲液中洗脱，反复冻融3次，离心取上清。

7.2 核酸抽提

取适当病料或细胞毒0.5 mL，加入RNA酶A至终浓度为100 μg/mL，37℃作用30 min；加入20 mg/mL蛋白酶K至终浓度为100 μg/mL，SDS终浓度为0.5%。在56℃水浴内反应60 min至反应物清亮，期间不断轻摇溶液。加等体积TE饱和酚，轻摇20 min，12 000 r/min离心7 min；取水相加等体积酚-三氯甲烷（1:1），轻摇20 min，12 000 r/min离心7 min；取水相加等体积三氯甲烷，轻摇15 min，12 000 r/min离心7 min；收集水相。在上述水相中加入2.5倍体积预冷的无水乙醇和终浓度为0.3 mol/L乙酸钠，−20℃放置20 min。12 000 r/min离心10 min，使核酸沉淀，弃去上清液。立刻加入70%乙醇，将沉淀漂洗2次，以去除残留的盐类。倾去乙醇，倒置在滤纸上干燥，然后加0.5 mL TE（pH8.0），于4℃冰箱内过夜溶解DNA。37℃干燥20 min或抽真空干燥；最后加10 μL水溶解后，作为PCR模板。

7.3 以引物F、引物F1c和引物F4c（参见B.1）为条件的体系

含1.5 mmol/L MgCl$_2$的10×PCR Buffer 5 μL；2.5 mmol/L的dNTP 4 μL；引物F、引物F1c和引物F4c（参见B.1）各1 μL；模板DNA1 μL；DNA聚合酶0.5 μL；加双蒸水至50 μL，然后将上述成分混合均匀。在PCR扩增仪上进行扩增，PCR反应条件为94℃预变性4 min，30次如下循环：94℃ 1 min，56℃ 1 min，72℃ 1 min，最后72℃延伸7 min。

取10 μL PCR扩增产物，加2 μL 6×加样缓冲液，在含有溴化乙锭的2%琼脂糖凝胶上电泳30 min，在紫外照射仪或凝胶成像仪上观察产物荧光带位置，以DNA 2000 Marker作分子质量标准比较：EHV-1会出现311 bp的DNA片段，EHV-4会出现468 bp的DNA片段。空白对照在311 bp和468 bp没有核酸带（参见附录C）。

7.4 巢式PCR扩增方法

7.4.1 以引物Fz和引物Fc［参见B.2a）］为条件的体系如下：

——含1.5 mmol/L MgCl$_2$的10×PCR Buffer 5 μL；2.5 mmol/L的dNTP 4 μL；引物Fz和引物Fc［参见B.2a）］各1 μL；模板DNA 1 μL；2.5 U DNA聚合酶0.5 μL；加双蒸水至50 μL，混合均匀，瞬时离心后，放入PCR仪中。PCR反应程序为94℃预变性4 min，25次循环（94℃变性1 min，51℃退火1 min，72℃延伸1 min，最后72℃延伸7 min），取出PCR反应产物；

——取10 μL PCR扩增产物，加2 μL 6×加样缓冲液，在含有溴化乙锭的2%琼脂糖凝胶上电泳30 min，在紫外照射仪或凝胶成像仪上观察产物荧光带位置，以DNA 2000 Marker作分子质量标准比较（标准EHV-1和EHV-4会出

现 747 bp 的 DNA 片段，空白对照在 747 bp 没有 DNA 片段，参见图 D.1）。

7.4.2 巢式 PCR 第二次反应：待扩增病毒 DNA 为 100 倍稀释的一次扩增 PCR 产物作为二次扩增模

板。以引物 F1 和引物 F1c［参见 B.2b）］为条件的体系如下：

——含 1.5 mmol/L MgCl$_2$ 的 10×PCR Buffer 5 μL；2.5 mmol/L 的 dNTP 4 μL；引物 F1 和引物 F1c［参见 B.2b）］各 1 μL；模板 DNA 1 μL；2.5U DNA 聚合酶 0.5 μL；加双蒸水至 50 μL。然后，将以上各成分混合均匀放入 PCR 仪中。PCR 反应条件为 94℃ 预变性 4 min，25 次循环（94℃ 变性 1 min，45℃ 退火 1 min，72℃ 延伸 1 min，最后 72℃ 延伸 7 min）；

——取 10 μL PCR 扩增产物，加 2 μL 6×加样缓冲液，在含有溴化乙锭的 2%琼脂糖凝胶上电泳 30 min，在紫外照射仪或凝胶成像仪上观察产物荧光带位置，以 DNA 2000 Marker 作分子质量标准比较（标准 EHV-1 出现 404 bp 的 DNA 片段，空白对照在 404 bp 没有 DNA 片段，参见图 D.2）。

7.4.3 以引物 F4 和引物 F4c［参见 B.2c）］为条件的体系如下：

——含 1.5 mmol/L MgCl$_2$ 的 10×PCR Buffer 5 μL；2.5 mmol/L 的 dNTP 4 μL；引物 F4 和引物 F4c［参见 B.2c）］各 1 μL；模板 DNA 1 μL；2.5U DNA 聚合酶 0.5 μL；加双蒸水至 50 μL，然后将以上各成分混合均匀放入 PCR 仪中。PCR 反应程序为 94℃ 预变性 4 min，25 次循环（94℃ 变性 1 min，56℃ 退火 1 min，72℃ 延伸 1 min，最后 72℃ 延伸 7 min）；

——取 10 μL PCR 扩增产物，加 2 μL 6×加样缓冲液，在含有溴化乙锭的 2%琼脂糖凝胶上电泳 30 min，在紫外照射仪或凝胶成像仪上观察产物荧光带位置，以 DNA 2000 Marker 作分子质量标准比较（标准 EHV-1 出现 334 bp 的 DNA 片段，空白对照在 334 bp 没有 DNA 片段，参见图 D.3）。

7.4.4 以引物 F 和引物 F1c、F4c［参见 B.2 d）］为条件的体系如下：

——含 1.5 mmol/L MgCl$_2$ 的 10×PCR Buffer 5 μL；2.5 mmol/L 的 dNTP 4 μL；引物 F、引物 F1c 和引物 F4c［参见 B.2 d）］各 1 μL；模板 DNA 1 μL；2.5U DNA 聚合酶 0.5 μL；加双蒸水至 50 μL，然后将以上各成分混合均匀放入 PCR 仪中。反应程序为 94℃ 预变性 4 min，25 次循环（94℃ 变性 1 min，50℃ 退火 1 min，72℃ 延伸 1 min，最后 72℃ 延伸 7 min）；

——取 10 μL PCR 扩增产物，加 2 μL 6×加样缓冲液，在含有溴化乙锭的 2%琼脂糖凝胶上电泳 30 min，在紫外照射仪或凝胶成像仪上观察产物荧光带位置，以 DNA 2000 Marker 作分子质量标准比较（在 311 bp 位置上有核酸带，判定为 EHV-1 型阳性样品；在 468 bp 位置上有核酸带，判定为 EHV-4 型阳性样品；在 311 bp 和 468 bp 位置上都有核酸带，可判为 EHV-1 和 EHV-4 型混合感染，参见图 D.4）。

7.5 设立对照

7.5.1 在 7.1 中的样品处理过程中必须设立阳性样品对照、阴性样品对照、空白对照。

7.5.2 取含有已知 EHV 的病毒标准株的组织悬液作为阳性对照。

7.5.3 采用未接种病毒的正常 BHK-21 细胞抽提核酸作为阴性对照。

7.5.4 取等体积的水代替模板作为空白对照。

7.6 琼脂糖电泳

用 TAE 电泳缓冲液配制 2% 的琼脂糖（含 1 μg/mL EB）平板。将平板放入水平电泳槽，使电泳缓冲液刚好淹没胶面。将 6 μL PCR 扩增产物和 2 μL 溴酚蓝指示剂溶液混匀后加入孔内。在电泳时使用核酸分子质量标准参照物作对照。5 V/cm 电泳约 0.5 h，当溴酚蓝到达琼脂糖凝胶的底部时停止。

7.7 结果判定

7.7.1 一步法 PCR 扩增结果判定如下（以 DNA 2000 Marker 作分子质量标准比较）：

a）EHV-1 会出现 311 bp 的 DNA 片段，EHV-4 会出现 468 bp 的 DNA 片段。空白对照在 311 bp 和 468 bp 没有核酸带。对照成立才能进行判定。

b）在 311 bp 位置上有核酸带，判定为 EHV-1 型阳性样品；若在 311 bp 位置上无核酸带，判定为 EHV-1 型阴性样品。在 468 bp 位置上有核酸带，判定为 EHV-4 型阳性样品；若在 468 bp 位置上无核酸带，判定为 EHV-4 型阴性样品。

7.7.2 巢式 PCR 结果判定如下（以 DNA 2000 Marker 作分子质量标准比较）：

一次 PCR 扩增结果：标准 EHV-1/4 会出现 747 bp 的 DNA 片段。空白对照在 747 bp 没有 DNA 片段。二次 PCR 扩增结果：标准 EHV-1 出现 311 bp 或 404 bp 的 DNA 片段。空白对照在 311 bp 或 404 bp 没有 DNA 片段。标准 EHV-4 出现 334 bp 或 468 bp 的 DNA 片段。空白对照在 334 bp 或 468 bp 没有 DNA 片段。两次结果对照成立才能进行判定。

若一次扩增后在 747 bp 位置上有核酸带，判定为阳性样品；无核酸带或条带的大小不在 747 bp 位置上，判定为阴性样品。若二次扩增后在 311 bp 或 404 bp 位置上有核酸带，判定为 EHV-1 型阳性样品；无核酸带或条带的大小不在 311 bp 或 404 bp 位置上，判定为非 EHV-1 型阳性样品。若二次扩增后在 334 bp 或 468 bp 位置上有核酸带，判为 EHV-4 型阳性样品；无核酸带或条带大小不在 334 bp 或 468 bp 位置上，判为非 EHV-4 型阳性样品。若二次扩增后在 311 bp 和 468 bp 位置上有两条核酸带，可判为 EHV-1/4 型混合感染。

附录 A
（规范性附录）
试剂的配制

A.1　2%　琼脂糖凝胶

琼脂糖	2 g
1×TAE 电泳缓冲液	100 mL

微波炉中完全融化，待冷至 50℃时，加溴化乙锭（EB）溶液 5 μL，摇匀，倒入电泳板上，凝固后取下梳子，备用。

A.2　溴化乙锭（EB）溶液（10 mg/mL）

溴化乙锭	1 g
灭菌双蒸水	100 mL

A.3　50×TAE 电泳缓冲液（pH 8.5）

羟基甲基氨基甲烷（Tris）	242 g
EDTA ·2H$_2$O	37.2 g
冰乙酸	57.1 mL

灭菌双蒸水加至1 000 mL，用时用灭菌双蒸水稀释使用。

A.4　0.01 mol/L PBS 缓冲液（pH 7.2）

Na$_2$HPO$_4$	1.42 g
KH$_2$PO$_4$	0.27 g
NaCl	8 g
KCI	0.2 g

灭菌双蒸水加至1 000 mL，高压灭菌。

A.5　10×TE 缓冲液

1 mol/L tris-HCl Buffer	100 mL
0.5 mol/L EDTA（pH 8.0）	20 mL

灭菌双蒸水加至1 000 mL，高压灭菌。

附录 B
（资料性附录）
引物序列及其特性

B.1 一步法 PCR 引物

引物合成参照 GeneBank 中的 EHV-1 和 EHV-4 的部分 gB 基因序列，用 Primerpremier5.0 软件设计特异性引物，其浓度为 10pmol/mL，序列如下：

F：5′GATGCCATGGAGGCACTACAC3′　　　　EHV-1 和 EHV-4 共有

F1c：5′CTCGACTTTCTTCTCTCGGTCC3′　　　EHV-1 特有

F4c：5′TTGACACACAGTCGGTGAGT3′　　　　EHV-1 特有

B.2 巢氏 PCR 引物

引物合成参照 GeneBank 中的 EHV-1 和 EHV-4 的部分 gB 基因序列，用 Primerpremier 5.0 软件设计特异性引物，其浓度为 10 pmol/mL，序列如下：

a）巢式 PCR 第一次反应的引物

Fz：5′GGAAAGGATACAGCCATACGTC3′　　　EHV-1 和 EHV-4 共有

Fc：5′GTATATCGAGTCTATGGCTTC3′　　　　EHV-1 和 EHV-4 共有

b）巢式 PCR 第二次反应扩增 EHV-1 的引物

F1：5′GAGGTGGAGCTTGATTTGTG3′　　　　EHV-1 特有

F1c：5′CTCGACTTTCTTCTCTCGGTCC3′　　　EHV-1 特有

c）巢式 PCR 第二次反应扩增 EHV-4 的引物

F4：5′TCGGTCAGCTGCTCAGTTAG3′　　　　EHV-4 特有

F4c：5′TTGACACACAGTCGGTGAGT3′　　　　EHV-4 特有

d）巢式 PCR 第二次反应同时扩增 EHV-1 和 EHV-4 的引物

F：5′GATGCCATGGAGGCACTACAC3′　　　　EHV-1 和 EHV-4 共有

F1c：5′CTCGACTTTCTTCTCTCGGTCC3′　　　EHV-1 特有

F4c：5′TTGACACACAGTCGGTGAGT3′　　　　EHV-4 特有

附录 C
（资料性附录）
一步法 PCR 反应结果

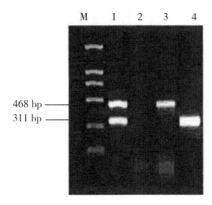

M——DNA Marker（DL 2000）；

1——标准 EHV-1 和标准 EHV-4 混合 DNA；

2——阴性对照；

3——标准 EHV-4DNA；

4——标准 EHV-1DNA。

图 C.1　以 F/F1c-F4c 为引物的一步法 PCR 反应结果

附录 D
（资料性附录）
巢式法 PCR 反应结果

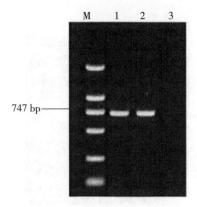

M——DNAMarker（DL 2000）;

1——标准 EHV-1DNA；

2——标准 EHV-4DNA；

3——阴性对照。

图 D.1　以 Fz/Fc 为引物的第一次 PCR 反应结果

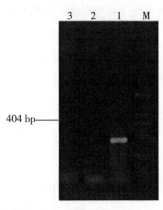

M——DNAMarker（DL 2000）;

1——标准 EHV-1DNA；

2——标准 EHV-4DNA；

3——阴性对照。

图 D.2　以 F1/F1c 为引物的套式 PCR 反应结果

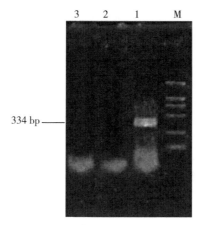

M—DNA　Marker（DL 2000）；

1——标准 EHV-4　DNA；

2——标准 EHV-1　DNA；

3——阴性对照。

图 D.3　以 F4/F4c 为引物的套式 PCR 反应结果

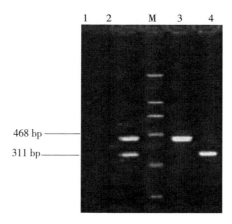

M——DNA Marker（DL 2000）；

1——阴性对照；

2——标准 EHV-1 和标准 EHV-4 混合 DNA；

3——标准 EHV-4；

4——标准 EHV-1。

图 D.4　以 F/F1c-F4c 为引物的套式 PCR 反应结果

【地方标准】

马媾疫防控技术规范
Technical specification for
horse syphilis control

标准号：DB65/T 4149—2018
发布日期：2018-12-01　　　　　　　　　实施日期：2019-01-01
发布单位：新疆维吾尔自治区市场监督管理局

前　　言

本标准按 GB/T 1.1—2009《标准化工作导则　第 1 部分：标准的结构和编写》的要求编制。

本标准由新疆农业大学提出。

本标准由新疆维吾尔自治区畜牧厅归口。

本标准起草单位：新疆农业大学、伊犁出入境检验检疫局。

本标准主要起草人：张杨、巴音查汗·盖力克、刘世芳、张伟、王盼举、郭庆勇、许正茂、艾日登·才次克、谢小婉、王振宝、闻秀秀、张梦圆、吾力江。

1　范围

本标准规定了马媾疫防控技术的术语和定义、诊断、治疗和预防的技术要求。

本标准适用于马场（户）、动物诊疗机构、动物防疫防控机构及养马区域（马场）对马媾疫的防控。

2　术语和定义

下列术语和定义适用于本文件。

2.1　马媾疫 Dourine

马媾疫是由马媾疫锥虫（*Trypanosoma equiperdum*）寄生于马属动物引起的原虫病。主要寄生于病畜的生殖道黏膜、水肿液及短暂地寄生于血液中。

2.2　马媾疫锥虫 *Trypanosoma equiperdum*

马媾疫锥虫，隶属于原生动物门（Protozoa）、肉足鞭毛亚门（Sarcomastigophora）、鞭毛虫总纲（Mastigophora）、动物鞭毛虫纲（Zoomastigophorea）、动体目

（Kinetoplastida）、锥体亚目（Trypanosomatina）、锥体科（Trypanosomatidae）、锥虫属（*Trypanosoma*）的马媾疫锥虫（*Trypanosoma equiperdum*）。

3　诊断

3.1　流行病学特点

3.1.1　传染源

传染源包括潜伏期感染马、隐性感染马、带虫马。

3.1.2　传播途径

该病主要通过交配传播而感染，一般是由公畜将病原传递给母畜，也可由母畜传递给公畜。人工授精时，器械未经严格消毒也可发生感染。在生产期间患病母畜在分娩或哺乳时偶尔可将病原传递给幼驹。有些马匹感染后暂时不出现明显症状而成为带虫者，常成为主要传染来源。极少数情况下吸血蝇如虻或螫蝇可传播该病。因急性病例而引起的平均死亡率可达50%，尤其是成年种公马。

3.1.3　易感动物

易感动物包括各类马属动物。实验室条件下啮齿类动物如大鼠、小鼠、兔可感染，犬可在实验室条件下感染。

3.2　临床诊断

3.2.1　水肿期

公马开始为阴茎鞘水肿，局部触诊呈面团状，无痛无热，并继续向阴囊及腹下扩展；尿道流出黏液，尿频，性欲旺盛。母马阴唇水肿，阴道流出黏液，水肿部亦无热无痛后期可出现溃疡，溃疡愈合后，留有无色素斑。

3.2.2　皮肤丘疹期

在生殖系统发生病变后的一个月，在病马的胸、腹和臀部出现无痛的扁平丘疹，圆形或椭圆形，直径5~15 cm，中央凹陷，周边隆起，常突然出现，称"银元疹"，通常数小时或数天后自行消失，消失后在身体的其他部位可重新出现，疹块较小时局部可见脱毛或色素消失。

3.2.3　神经症状期

以局部肌肉神经麻痹为主，当腰神经与后肢神经麻痹时，跛行，步态强拘，颜面神经麻痹时，则见唇歪斜，耳及眼睑下垂。咽麻痹的出现，则呈现吞咽困难。出现贫血，瘦弱，最后死亡，死亡率可达50%~70%。

3.3　病原学诊断

3.3.1　显微镜涂片检查

显微镜检查尿道和阴道的分泌物及发生丘疹的组织，其详细的方法根据附录A可以确诊。

3.3.2 动物接种诊断

接种于公家兔的睾丸实质进行诊断，其详细的方法根据附录 B 可以确诊。

3.4 分子生物学诊断

根据附录 C 判定 PCR 检测结果。

4 治疗

常用治疗药物有：

a）萘磺苯酰脲（商品名：拜尔 205）；

b）硫酸甲基喹嘧胺（商品名：硫酸甲酯安锥赛）；

c）三氮脒（商品名：贝尼尔）；

d）二氟甲基鸟氨酸；

e）氯化氮胺菲啶盐酸盐（商品名：沙莫林）。

5 预防

5.1 卫生管控

遇到疫情及时上报，捕杀患病动物是防控该病的关键。在交配过程中注意卫生安全可在很大程度上减少该病的发生。

5.2 药物预防

配种季节前，应对公马和繁殖母马进行检疫。对健康公马和采精用的种马，在配种前用药物进行预防注射。可用萘磺苯酰脲、三氮脒，臀部深层肌内注射。

5.3 淘汰处理

发现病畜，应及时淘汰，以绝后患。

5.4 加强饲养管理

在未发生过本病的马场，对新调入的种公马和母马，要严格进行隔离检疫。大力发展人工授精，降低该病感染率。

5.5 综合防控

马媾疫锥虫病的方案主要从三方面考虑：

a）切断病原，即消灭马媾疫锥虫，通过借助早期诊断方法，一经发现患病马匹，除名贵品种可考虑隔离，进行药物治疗，其余患病动物应及时隔离扑杀，以消灭病原。

b）从切断传播途径入手，在配种前期，应对易感马匹进行集中检疫，对患病马匹及时隔离淘汰在配种季节，对配种器械进行彻底消毒，以切断传播途径。

c）对患病的种公马，进行及时淘汰处理，保护宿主马匹。

附录 A
（资料性附录）
马媾疫锥虫虫体

A.1　马媾疫虫体附见图 A.1。

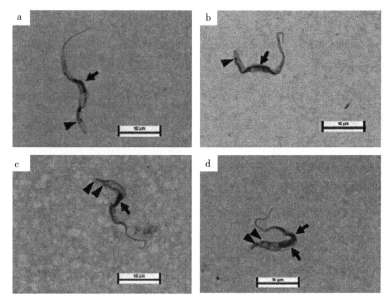

说明：

a——组织内马媾疫锥虫虫体（50×）；

b——组织内马媾疫锥虫虫体（50×）；

c——组织内马媾疫锥虫虫体（50×）；

d——组织内马媾疫锥虫虫体（50×）。

图 A.1　马媾疫锥虫虫体

A.2　涂片详细方法

A.2.1　马媾疫锥虫在末梢血液中很少出现，因此血液学检查在马媾疫诊断上的用处不大。检查材料主要应采取浮肿部皮肤或丘疹的抽出液，尿道及阴道的黏膜刮取物，特别在黏膜刮取物中最易发现虫体。

A.2.2 采取病料时，浮肿液和皮肤丘疹液用消毒的注射器抽取，为了防止吸入血液发生凝固，可于注射器内先吸入适量的2%柠檬酸钠生理盐水。

A.2.3 马阴道黏膜刮取物的采取，先用阴道扩张器扩张阴道，再用长柄锐匙在其黏膜有炎症的部位刮取，刮时应稍用力，使刮取物微带血液则其中容易检到锥虫。采取公马尿道刮取物时，应先将马保定，左手伸入包皮内，以食指插入龟头窝中，徐徐用力以牵出阴茎，用消毒的长柄锐匙插入尿道内，刮取病料。

A.2.4 也可用灭菌纱布，以生理盐水浸湿，用敷料钳夹持，插入公马尿道或母马阴道，擦洗后，取出纱布，洗入无菌生理盐水中，将盐水离心沉淀，取沉淀物检查。

注：以上所采的病料，均可加适量的生理盐水，置载玻片上，覆以盖玻片，制成压滴标本检查，也可制成抹片，用姬氏液染色后检查。

附录 B
（资料性附录）
试验动物接种

B.1　实验动物

健康雄性家兔（新西兰兔，购自新疆医科大学）。

B.2　病料

将病畜的阴道或尿道刮取物与无菌生理盐水混合后及时接种。

B.3　接种

马媾疫锥虫不能接种于多数实验动物，但可将病畜的阴道或尿道刮取物与无菌生理盐水以 3∶1 混合，接种于公家兔的睾丸实质中，每 24 h 接种 1 次，每个睾丸的接种量为 0.2 mL。观察家兔的阴囊、阴茎、睾丸以及耳、唇周围的皮肤发生水肿作为判断依据，持续 5~10 d。

B.4　接种动物病理变化观察

如有马媾疫锥虫存在，经 1~2 周，即可见家兔的阴囊、阴茎、睾丸以及耳、唇周围的皮肤发生水肿，并可在水肿液内检出虫体。

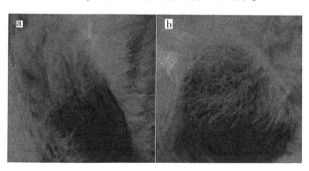

说明：

a——兔睾丸肿胀（50×）；

b——兔睾丸肿胀（50×）。

图 B.1　雄性家兔接种马媾疫锥虫导致睾丸肿大

附录 C
（规范性附录）
马媾疫 PCR 检测方法（参考郑小龙建立的检测方法）

C.1 主要设备、材料和试剂

高速冷冻离心机、PCR 仪、恒温水浴锅、混匀器、冰箱、移液器（10 μL、100 μL、1 000 μL）、吸头（10 μL、100 μL、1 000 μL）、PCR 反应管。

C.2 样品采集、保存

采集浮肿部皮肤或丘疹的抽出液，尿道及阴道的黏膜刮取物，提取 DNA，-20℃保存待检。

C.3 核酸提取

树脂型基因组 DNA 提取试剂盒购自北京赛百盛基因技术有限公司，按照说明书操作提取 DNA；

a) 将虫体经冷冻后分别在研钵中研磨，然后加入 1 mL 的纯化树脂混匀，然后转移入干净的 1.5 mL 离心管中。颠倒混匀 5~6 次。室温下温育 3 min，期间颠倒混匀一次，5 000 r/min 离心 3 s，收集沉淀；

b) 用 1 mL GN 结合液将纯化树脂悬浮，颠倒混匀，5 000 r/min 离心 3 s，收集沉淀；

c) 用 0.5 mL 漂洗液漂洗纯化树脂两次，颠倒混匀，5 000 r/min 离心 3 s，收集沉淀。如果纯化树脂仍然呈现黄色或褐色，重复 c）步骤一次；

d) 用 0.8 mL 无水乙醇悬浮，装入离心纯化柱，13 000 r/min 离心 1 min，倒掉废液收集管中的乙醇，再离心 1 min，尽量除尽乙醇；

e) 将纯化柱套入一个干净的 1.5 mL 或 2 mL 离心管中，加入 100 μL TE 缓冲液于纯化树脂上（不能粘在管壁上），室温下放置 3 min，13 000 r/min 离心 2 min。重复该步骤一次；

f) 离心管中收集的液体既是洗脱下来的基因组 DNA，取 2 μL 电泳（1.0%琼脂糖，120 V，20 min）检测并目测定量。-20℃保存备用。

C.4　PCR 诊断步骤

C.4.1　特异性引物序列设计

上游引物：5′-TGGGTTTATATCAGGTTCATTTAT-3′。

下游引物：5′-CCCTAATAATCTCAT CCGCAGT-3′。

C.4.2　PCR 扩增反应体系及条件的确定

PCR 反应体系参照不同 PCR 试剂推荐的配比。PCR 反应参数：94℃ 预变性 5 min；94℃ 变性 1 min，56℃ 退火 30 s，72℃ 延伸 30 s，30 个循环 72℃ 延伸 10 min，4℃ 保存。同时设计阳性对照（马媾疫锥虫 DNA）、阴性对照（健康组织 DNA）和空白对照（无菌双蒸水）。

C.4.3　PCR 反应产物凝胶电泳及判定结果

用 1×TAE 电泳缓冲液配制 1.0%的琼脂糖凝胶（含 100 μl/L 荧光染料），在电泳槽中加入电泳缓冲液，使液面刚好没过胶面，将 5 μL PCR 产物和 1 μL 6×Loading buffer 混匀后加入样品孔内，电泳时以 DLMarker 2000 作为对照，5V/cm 电泳时间约 30 min；凝胶成像仪下观察电泳结果，拍照并记录结果。检查到目的条带（电泳斑）送公司测序，详见图 C.1。

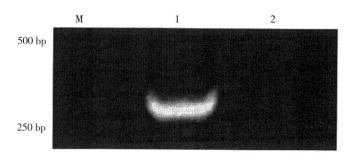

说明：

M——分子标准质量；

1——阳性模板；

2——阴性对照。

图 C.1　PCR 凝胶成像检测结果

【地方标准】

马副蛔虫病诊断与化学
药物驱虫技术规程
The regulation of diagnosis and
chemicals desinsectization technique
for equine parascariosis

标准号：DB65/T 4494—2022
发布日期：2022-05-09   实施日期：2022-07-01
发布单位：新疆维吾尔自治区市场监督管理局

前　言

本文件按照 GB/T 1.1—2020《标准化工作导则　第 1 部分：标准化文件的结构和起草规则》的规定起草。

本文件由新疆农业大学提出。

本文件由新疆维吾尔自治区畜牧兽医局归口并组织实施。

本文件起草单位：新疆农业大学。

本文件主要起草人：张伟、刘丹丹、范士龙、王金明、芦星、李思媛、韦丽婷、呼尔查、巴音查汗·盖力克、郭庆勇、张杨、李永畅、李才善。

本文件实施应用中的疑问，请咨询新疆农业大学。

对本文件的修改意见建议，请反馈至新疆维吾尔自治区畜牧兽医局（乌鲁木齐市新华南路 408 号）、新疆农业大学（乌鲁木齐市农大东路 311 号）、新疆维吾尔自治区市场监督管理局（乌鲁木齐市新华南路 167 号）。

新疆维吾尔自治区畜牧兽医局　联系电话：0991-8568089；传真：0991-8527722；邮编：830004

新疆农业大学　联系电话：0991-8763453；传真：0991-8763453；邮编：830052

新疆维吾尔自治区市场监督管理局　联系电话：0991-2818750；传真：0991-2311250；邮编：830004

1　范围

本文件规定了马副蛔虫病的术语和定义、诊断、治疗和预防的要求。

本文件适用于养马场（户）、动物诊疗机构、动物防疫防控机构对马副蛔虫病的诊疗及防控。

2 规范性引用文件

本文件没有规范性引用文件。

3 术语和定义

下列术语和定义适用于本文件。

3.1 马副蛔虫病 equine parascariosis

由蛔科（Ascaridae）副蛔属（*Parascaris*）的马副蛔虫（*Parascaris equorum*）寄生于马、驴、骡、斑马等马属动物的小肠内引起的寄生虫病，有时可见于胃或胆管内，是马属动物的一种常见寄生虫病，该病对幼驹的危害很大。临床上以进行性消瘦、贫血、腹泻、疝痛等为主要特征。马副蛔虫病原形态参见附录 A。

3.2 马副蛔虫 parascarisequorum

隶属于动物界（Animalia）、后生动物亚界（Metazoan）、线形动物门（Nematoda）、尾感器纲（Secernentea）、蛔目（Ascaridata）、蛔科（Ascarididae）、副蛔属（Parascaris）。马副蛔虫生活史及疾病流行特征参见附录 B。

4 诊断

4.1 发病主要症状

发病初期（幼虫移行期）呈现肠炎症状，持续 3 d 后，呈现支气管肺炎症状（蛔虫性肺炎），表现为咳嗽，短期发热，流浆液性或黏液性鼻汁。后期即成虫寄生期呈现肠炎症状，腹泻与便秘交替出现；严重感染时发生肠梗阻或穿孔，引起肠梗阻或腹膜炎，幼驹生长发育停滞；病畜表现精神不振、易疲乏、毛粗干、发育迟缓、黏膜苍白；血常规检查出现贫血及嗜酸性粒细胞增高的血象，严重者会引起死亡。

4.2 病原学诊断

4.2.1 粪便检查

粪便检查宜采用直接涂片法和饱和盐水漂浮法，参见附录 C。经粪便检查，在显微镜下检查发现与附录 A 中图 A.2 相同的特征性虫卵是确诊的主要依据。

4.2.2 治疗性诊断

疑似患病马可进行治疗性诊断，使用常用驱虫药如丙硫咪唑、精制敌百虫、芬苯达唑等药物进行驱虫，若在粪便中检出马副蛔虫虫体（见附录 A 中图 A.1），即可确诊。

4.2.3 剖检诊断

若马匹已死亡，剖检后在小肠内检出虫体（见附录 A 中图 A.1），也可确诊。

5 治疗

5.1 原则

以早期准确诊断、及时用药物驱虫为主；急性病例产生并发症时应对症治疗，加强饲养管理和护理。

5.2 方法

5.2.1 阿苯达唑

口服，一次量，5~10 mg/kg。注意事项：马对该药较敏感，切忌大剂量连续使用，妊娠前期禁用。

5.2.2 芬苯达唑

口服，一次量，5~7.5 mg/kg。注意事项：妊娠前期禁用，肉用马禁用。

5.2.3 奥芬达唑

口服，一次量，10 mg/kg。注意事项：妊娠前期禁用，肉用马禁用。

5.2.4 氧苯达唑

口服，一次量，10~15 mg/kg。注意事项：妊娠前期禁用，肉用马禁用。

5.2.5 甲苯达唑

口服，一次量，8.8 mg/kg。

5.2.6 枸橼酸乙胺嗪

口服，一次量，20 mg/kg。

5.2.7 精制敌百虫

口服，一次量，30~50 mg/kg，配成 10%~20% 的水溶液，用胃管投服。极限量：口服一次≤20 g。

5.2.8 枸橼酸哌嗪（驱蛔灵）

口服，一次量，0.2~0.25 g/kg。注意事项：该药品对肾脏有损害作用，肝肾疾病病畜慎用。加入本品的饲料或饮水应在 12 h 内用完，混饲或混饮给药前一天晚上，应停止供给饮水和饲料，孕马慎用。

5.2.9 伊维菌素

口服，一次量，0.2 mg/kg。注意事项：使用 1 个月后可重复用药 1 次增强驱虫效果；禁止与乙胺嗪联合使用。

5.2.10　阿维菌素

口服，一次量，0.2 mg/kg。注意事项：禁止与乙胺嗪联合使用。

6　预防

6.1　预防性驱虫

每年对马群进行 1~2 次预防性驱虫，驱虫后 3~5 d 内不应放牧，以便将含有虫体及虫卵的粪便集中无害化处理。可考虑入冬前驱虫，转移牧场前驱虫，以及舍饲前驱虫。妊娠马在产前 2 个月驱虫。应经常检查幼驹，及早发现病畜，及时进行驱虫。驱虫药物及剂量见 5.2。

6.2　综合预防

6.2.1　控制环境卫生

注意厩舍内的清洁卫生工作。粪便应逐日打扫清除，并进行生物热处理。定期对饲槽、饮水器等用具进行沸水冲洗消毒。注意饲料和饮水的清洁卫生。饲草应放在饲槽或草架上喂马。饮水宜使用自来水或井水，容器应保持清洁，避免被粪便污染。

6.2.2　分区轮牧

对放牧马群，建议实行分区轮牧，或与牛、羊畜群进行有计划的互换轮牧，减少草场中随马粪便排出的虫卵对马群的交叉感染。

附录 A
（资料性）
马副蛔虫病原形态

A.1 马副蛔虫成虫形态特征

马副蛔虫是马属动物体内最粗大的一种寄生性线虫。虫体近似圆柱形，两端较细，黄白色。口孔周围有 3 片唇，其中背唇稍大。唇基部有明显的间唇。每个唇的中前部内侧面有一横沟，将唇片分为前后两部分。唇片与体部之间有明显的横沟，见图 A.1。雄虫长 15～28 cm，尾端向腹面弯曲；雌虫长 18～37 cm，尾部直，阴门开口于虫体前 1/4 部分的腹面，见图 A.2。

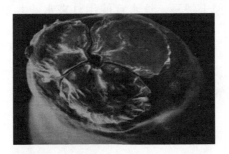

图 A.1 马副蛔虫头部形态（20×）

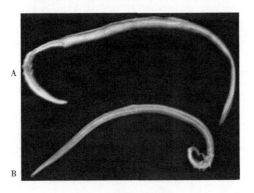

注：A. 雌虫；B. 雄虫。
图 A.2 马副蛔虫成虫形态

A.2　马副蛔虫卵形态特征

　　近似圆形，呈黄色或黄褐色，直径 90～100 μm，虫卵表面有不光滑的蛋白膜，卵壳厚。新排出时，卵内含一圆形的尚未分裂的胚细胞，见图 A.3。

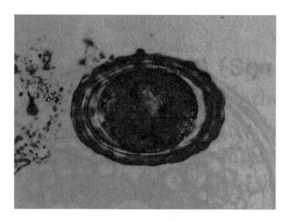

图 A.3　马副蛔虫卵（400×）

附录 B
（资料性）
马副蛔虫生活史及疾病流行特征

B.1 马副蛔虫生活史

虫卵随宿主粪便排出体外，在适宜的温度、湿度和有充分氧气的条件下，经 10~15 d 发育为感染性虫卵。经口感染马属动物宿主之后，感染性虫卵在小肠内孵化出幼虫，大多数幼虫钻入肠壁进入血管，经门静脉到达肝脏，幼虫在肝脏内进行第 2 次蜕化，产生的第 3 期幼虫随血液经肝静脉、后腔静脉到达心脏，并经肺循环到达肺泡。肺泡内的第 3 期幼虫进行第 3 次蜕化，产生第 4 期幼虫离开肺泡，进入支气管上行至气管，到达咽部，再次经食道、胃重返小肠。最终在小肠内完成第 4 次即最后 1 次蜕化，变为成虫。自感染性虫卵被马属动物吞食，在小肠内发育为成虫，需 2~2.5 个月，见图 B.1。

B.2 马副蛔虫病流行特征

本病传播不需要中间宿主参与，属于土源性寄生虫，主要传播途径为含虫卵的粪便污染饲草、饮水以及厩舍等，经粪口途径在患病动物与健康动物之间传播。本病流行范围广，但以幼驹感染性最强。

马副蛔虫感染多发于秋冬季，其感染率和感染强度与饲养管理有关，厩舍内的感染机会一般多于牧场，特别是将饲料任意散放在厩舍地面上让马采食时，更易增加感染机会。虫卵对不利的外界因素抵抗力较强。适宜温度为 10~37℃，在 39℃时发育停止并变性失活。气温低于 10℃，虫卵停止发育，但不死亡，遇适宜条件仍可继续发育为感染性虫卵。故冬季厩舍内存在蛔虫卵，成为早春季节的感染来源。马副蛔虫卵对理化因素有很强的抵抗力；只有 5% 硫酸或 5% 氢氧化钠或 50℃ 以上的高温及长期干燥，才能有效地杀死马副蛔虫卵。

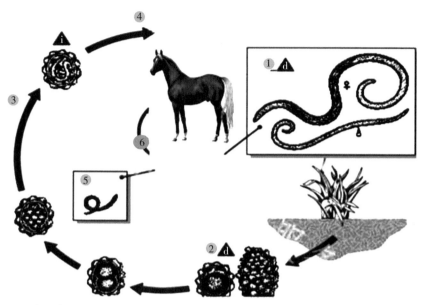

标引序号说明：

i——感染阶段；

d——诊断阶段；

1—— 马消化道内的成虫；

2—— 随粪便排出的虫卵；

3——虫卵发育为感染性阶段；

4——感染性虫卵经口进入马体内；

5——虫卵在马消化道内孵出幼虫；

6——幼虫钻破肠壁在体内移行后到达咽部重返消化道。

图 B.1 马副蛔虫生活史

附录 C
（规范性）
病原学诊断方法

C.1 粪便检查

C.1.1 直接涂片法

C.1.1.1 主要设备、材料和试剂

光学显微镜、载玻片、盖玻片、镊子、吸管、清水。

C.1.1.2 粪便样品采集

从待检马匹圈舍或牧场采集该马匹的新鲜粪便，置于一次性采样袋中，并进行标号，所采集的样品应与马匹对应。注意粪便应新鲜，必要时进行直肠采粪。若采集的粪便无法马上进行检查，可将粪便样品置于4℃保存，防止虫卵在常温中孵化。

C.1.1.3 检查方法

在清洁的载玻片上滴加1~2滴清水，用镊子取少量待检新鲜粪便置于清水中，用小镊子仔细涂抹均匀。再用镊子将粪便中的较大的草棍和渣子等异物去除，之后加盖盖玻片，置于光学显微镜下观察特征性虫卵或幼虫。

C.1.1.4 注意事项

粪便涂片的厚度以在载玻片下面垫上有字的纸时，透过载玻片能隐约看见纸上的字迹为宜。粪便直接涂片法的优点是快速、简单易行，适合于虫卵量大的粪便检验；缺点是对虫卵含量低的粪便检出率低。实际工作中，需增加样品检测数量，以提高检出率。

C.1.2 饱和盐水漂浮法

C.1.2.1 主要设备、材料和试剂

光学显微镜、载玻片、盖玻片、镊子、烧杯、量筒、天平、粪筛或纱布、吸管、15 mL离心管（或青霉素小瓶）、清水、食盐。

C.1.2.2 粪便样品采集

见 C.1.1.2。

C.1.2.3 饱和食盐水的配制

将食盐缓慢加入沸水锅内，直至加入的食盐不再溶解而出现沉淀为止（1 000 mL沸水中大约加入400 g食盐）。溶液用纱布过滤后，待冷却后使用

（冷却后的溶液有食盐结晶析出，即为饱和）。

C.1.2.4　检查方法

　　取新鲜粪便 2 g 置于小烧杯中，用镊子压碎，加入 10 倍量（约 20 mL）的饱和食盐水，搅拌混匀，用粪筛或纱布过滤到 15 mL 离心管（或青霉素小瓶）中，使管内液体平于管口并稍微隆起为宜，但不应溢出。静置30 min 后，用载玻片直接蘸取液面加盖玻片后镜检，或用铁丝圈蘸取液面触落在载玻片上，经反复蘸取几次，加盖玻片镜检，发现虫卵或幼虫即可确诊。

C.1.2.5　注意事项

　　饱和盐水漂浮法的原理是采用比重高于虫卵的漂浮液，使粪便中的虫卵和粪便渣子分开而浮于液体表面，然后进行检查。注意漂浮液应使用饱和的食盐水，否则效果难以保证，漂浮时间 30 min 左右，时间过短（少于 10 min）则漂浮不完全；时间过长（长于 1 h）则易造成虫卵变形、破裂，难以识别。检查多例粪便样品时，所使用的器材注意清洗干净，避免相互污染影响检测结果的准确性。利用光学显微镜检查虫卵或幼虫时，物镜倍数选取 10× ~ 40×，有经验者可在4×物镜下初筛。

【地方标准】

马蹄叶炎防治技术规范
Technical standard for prevention and
treatment of equine laminitis

标准号：DB65/T 3956—2016
发布日期：2016-11-30   实施日期：2016-12-30
发布单位：新疆维吾尔自治区质量技术监督局

前　　言

本标准按 GB/T 1.1—2009《标准化工作导则　第1部分：标准的结构和编写》的要求编制。本标准由昭苏县畜牧兽医局提出。

本标准由新疆维吾尔自治区畜牧厅归口。

本标准起草单位：昭苏县畜牧兽医局、伊犁州动物疾病控制与诊断中心、阿勒泰地区畜牧工作站、

新疆畜牧科学院兽医研究所、新疆农业大学、东北农业大学、伊犁州昭苏马场。

本标准主要起草人：吕燕、李海、赵卫东、魏玉刚、沈辰峰、陈世军、韩涛、邓海峰、况玲、高利、郭庆勇、赵海利、芦文圆、马玉辉、王杰、参都哈西、马江飞、杨振、阿拉西·阿滨。

1　范围

本标准规定了马蹄叶炎的术语和定义、病因、临床症状、诊断和治疗的技术要求。本标准适用于养马场（户）和动物疾病防治机构对马蹄叶炎的诊断和治疗。

2　术语和定义

下列术语和定义适用于本文件。

2.1　马蹄叶炎 equine laminitis

又称蹄壁真皮炎。指蹄壁真皮层发生的弥漫性、无菌性炎症。常发生于两前肢、有时四肢发病，偶见单纯两后肢或一肢发病，是马常发的蹄病。

3 病因

3.1 饲养管理不善

饲料骤变或长期饲喂富含蛋白质饲料、饮水不足等，引起消化不良；饲喂富含碳水化合物精料，引起酸中毒；长途车船运输或在坚硬地面长期站立，影响血液循环，使血液循环发生紊乱引发。风寒侵袭、发汗后暴饮冷水等；体躯过大、肥胖，蹄负担过重，可引发本病。

3.2 劳役、运动不当

奔走过急；长期或突然重役、强度运动训练后，立即拴系，引发本病。

3.3 蹄形不正、构造缺陷

蹄形不正，蹄构造存在缺陷，如广蹄、低蹄、倾蹄等，引发本病。

3.4 修蹄不当及蹄铁配置不当

蹄底或蹄叉过削、削蹄不均、延迟改装期、蹄铁面过狭、铁脐过高等，导致四肢负重不平衡、蹄部负担过重，可引起本病。

3.5 疾病引发或继发

有时为传染性胸膜肺炎、流行性感冒、肺炎、肠炎等疾病；在肠胃炎、肠便秘的治疗过程中，投给大量泻药（蓖麻油等）腹泻后，引起的并发或继发症。一肢发生严重病患，使侧肢长时间、持续性负担过重，也可引发本病。

4 临床症状

4.1 急性蹄叶炎

精神沉郁，食欲减少；呼吸急促，肌肉颤抖；跛行，不愿站立和行走，站立时，病肢蹄尖翘起，蹄踵着地负重，强迫运动则步样紧张、跳跃、运步缓慢或快速短步。眼结膜充血，触诊蹄壁温热，叩诊疼痛，指（趾）动脉亢进。体温升高至 40~41℃，脉搏增数。前两肢发病时，前肢前伸，后肢伸于腹下，后躯下沉，头颈高抬；后两肢发病，则头颈低垂，两前肢后踏，拱腰，后躯下沉；发病两肢不能较长时间站立，站立时两肢交替提起、落地，犹如原地踏步。三肢或四肢同病，而无法站立，大部分时间卧地。

4.2 亚急性蹄叶炎

与急性蹄叶炎症状相似，症状较轻。跛行，肢势稍有变化，不愿行走。蹄温或指（趾）动脉亢进不明显，叩诊蹄壁稍敏感。

4.3 慢性蹄叶炎

多卧少站，跛行；站立时，病肢不断伸向前方，健肢与病肢交替负重。常有蹄形改变，蹄轮不规则，蹄前壁蹄轮较近，蹄踵壁增宽，最后可形成芜蹄，蹄匣变得狭长，蹄踵壁几乎垂直，蹄前壁近乎水平。蹄温稍高，叩诊无明显反应，指（趾）动脉不亢进。

5 诊断

5.1 临床诊断

根据发病原因，结合蹄部、肢势、行走及疼痛等临床症状进行诊断。

5.2 X线检查

不论是急性蹄叶炎，还是慢性蹄叶炎，都应通过 X 线的检查以确定蹄骨的转位程度或蹄骨远端移位程度。在 X 线图像下可见蹄尖向内下方移位，移位越多发病程度越重。

5.3 实验室检查

经血流学及血常规检查，血流量减少、血液黏稠、白细胞增多、中性粒细胞明显增多；尿液检查含蛋白及糖。

6 治疗

治疗原则为去除病因，镇痛消炎，改善血液循环，防止蹄骨转位，促进蹄角质生长。

6.1 去除病因

6.1.1 因过食精料引发的病马，应及时调整饲料配方，合理搭配营养，降低精料比例。用石蜡油 3 000~4 000 mL 1 次胃导管灌服；由便秘、急性胃肠炎等胃肠道疾病继发本病，用液体石蜡油 500 mL、鱼石脂 30 mL、30~37℃ 的 1%盐水5 000 mL 1 次导管灌服，以排泄胃肠道致病物质。

6.1.2 因子宫内膜炎引发的病马，用 0.1%高锰酸钾或 0.1%雷佛奴尔或 0.05%新洁尔灭 1 000~2 000 mL，加热至 40~45℃，用子宫冲洗器反复冲洗子宫，然后用青霉素 240 万~300 万 IU、链霉素 100 万~200 万 IU 或庆大霉素 20 万 IU、甲硝唑 1 g 或青霉素 400 万 IU、林可霉素（人用）4 mL、卡那霉素 20 mL 或青霉素 800 万 U、庆大霉素 40 mL，经 0.9%的生理盐水或蒸馏水 100~150 mL 溶解后注入子宫体内，每天 1 次，连用 2~3 d。

6.1.3 因疾病继发引起本病，应先治疗原发病。

6.1.4 因过度使役或运动引发本病，应注意马匹休息，适度使役或运动。

6.1.5 因蹄形、蹄构造缺陷、修蹄不当等引发本病，应做好蹄部的保护和护理。

6.1.6 因风湿引发本病，用 10%水杨酸钠 100 mL，1 次静脉注射，每天 1 次，连用 3~5 d。

6.2 镇痛消炎

马来酸氯苯那敏（扑尔敏），成年马 80~100 mg，1 次肌内注射，每天 2 次，连用 3~5 d。或 0.25%普鲁卡因注射液 100~150 mL 或 5%盐酸普鲁卡因注射液 40~80 mL，1 次静脉注射，连用 3~4 次。或青霉素 20 万~40 万 U，用 0.5%~1%普鲁卡因注射液 10~15 mL 溶解，分别注入掌（跖）内、外侧神经周围或注入指内、外侧动脉或跖背外侧动脉内，隔日 1 次，连用 2~3 次。或安痛定注射液 20~50 mL，注入患肢抢风穴，每天 1 次，连用 3~4 d。或 2%盐酸普鲁卡因注射液 20~40 mL、青霉素 80 万~160 万 U、氢化可地松 50~250 mg、0.1%肾上腺素 0.5 mL，注入患肢蹄冠皮下，每天 1 次，连用 3~4 d。

6.3 改善微循环

6.3.1 冷敷与热敷

急性蹄叶炎发病早期，用 0~4℃冷水或冰碴、冰块冷敷（冷蹄浴），每天 2~3 次，每次 1~2 h，连续 2 d；2 d 后，用 30~35℃温水蹄浴，每天 2 h，连续 5~7 d。

6.3.2 纠正酸碱平衡

对于急性蹄叶炎，用 5%碳酸氢钠 500~1 000 mL，1 次静脉注射，每天 1 次，连续用药 3~5 d。或 25%葡萄糖 1 000 mL、0.9%生理盐水 1 000 mL、维生素 C 2~3 g 与 5%碳酸氢钠 500~700 mL 分别静脉注射；或 0.9%生理盐水 3 000~4 000 mL、25%维生素 C 注射液 6~10 mL、10%安钠咖 20~30 mL（或樟脑磺酸钠 20 mL），1 次静脉注射，每天 1 次，连用 3~5 d。

6.3.3 泻血疗法

6.3.3.1 马四肢蹄头穴放血

在前蹄头穴（蹄头有毛无毛处正中旁开 1 指）、后蹄头穴（有毛无毛处正中）用中宽针（如无中宽针可以其他针替代）放血，每只蹄放血 100~150 mL，每天放血 1 次，直至蹄头无热感、症状消失。

6.3.3.2 马缠腕穴放血

若蹄头泄血不充分或病症严重，可在四肢的缠腕穴放血，每次放血 100~150 mL，每天放血 1 次，直至蹄头无热感、症状消失。

6.3.3.3 颈静脉放血

对体格健壮的病马，颈静脉放血 2 000~4 000 mL。

6.4 中兽医治疗

6.4.1 饲料引发

服用红花散，红花 25 g，没药 25 g，神曲 30 g，麦芽 30 g，焦山楂 25 g，莱菔子 25 g，桔梗 18 g，当归 18 g，炒枳壳 18 g，川厚朴 18 g，干草 10 g，混

合研成末，用开水冲调，凉至 20~30℃，胃导管 1 次灌服，每天 1 剂，连用 5~7 d。

6.4.2 因运动引发

服用茵陈散，茵陈 25 g，川芎 15 g，柴胡 15 g，红花 15 g，紫花地丁 15 g，青皮 15 g，当归 30 g，桔梗 18 g，乳香 12 g，没药 12 g，杏仁 15 g，白芍 15 g，白药子 15 g，黄药子 15 g，干草 10 g，混合研成末，开水冲调，凉至 20~30℃，在食草后用胃导管灌服，每天 1 剂，连用 5~7 d。

6.5 护理

6.5.1 急性蹄叶炎，应将病马限制在马厩中，铺以厚沙、垫料，防止因走动致使蹄骨转位或加重病情。

6.5.2 慢性蹄叶炎，清理蹄部腐烂角质，及时修蹄。

【地方标准】

马泰勒虫病荧光定量 PCR
诊断技术规程
The regulation of PCR diagnostic
method for equine piroplasmosis

标准号：DB65/T 4371—2021
发布日期：2021-06-22　　　　　　　　　实施日期：2021-09-01
发布单位：新疆维吾尔自治区市场监督管理局

前　　言

本文件按照 GB/T 1.1—2020《标准化工作导则　第 1 部分：标准化文件的结构和起草规则》的规定起草。

本文件由新疆农业大学提出。

本文件由新疆维吾尔自治区畜牧业标准化委员会归口并组织实施。

本文件起草单位：新疆农业大学、新疆畜牧科学院、新疆维吾尔自治区动物疾病预防控制中心。

本文件主要起草人：张伟、呼尔查、刘丹丹、巴音查汗·盖力克、宋瑞其、张杨、孟元、郭庆勇、米晓云、王冰洁、艾日登才次克、李斌、李永畅、张梦圆、范士龙、韦丽婷。

本文件实施应用中的疑问，请咨询新疆农业大学、新疆畜牧科学院、新疆维吾尔自治区动物疾病预防控制中心。

对本文件的修改意见建议，请反馈至新疆维吾尔自治区市场监督管理局（乌鲁木齐市新华南路 167 号）、新疆维吾尔自治区畜牧业标准化委员会（乌鲁木齐市新华南路 408 号）、新疆农业大学（乌鲁木 齐市农大东路 311 号）。

新疆维吾尔自治区市场监督管理局　联系电话：0991－2817197；传真：0991－2311250；邮编：830004

新疆维吾尔自治区畜牧业标准化委员会　联系电话：0991－8568308；传真：0991－8568940；邮编：830004

新疆农业大学　联系电话：0991－8763453；传真：0991－8763453；邮编：830052

新疆畜牧科学院　联系电话0991-3098109；传真：0991-3098109；邮编：830011

新疆维吾尔自治区动物疾病预防控制中心　联系电话0991-4873795；传真：0991-4873795；邮编：830011

1 范围

本文件规定了马泰勒虫病荧光定量PCR诊断方法。

本文件适用于动物诊疗机构和动物疫病防控机构对马泰勒虫病的检测。

2 规范性引用文件

本文件没有规范性引用文件。

3 术语和定义

下列术语和定义适用于本文件。

3.1 马泰勒虫病 equine piroplasmosis

由泰勒虫属的马泰勒虫（*Theileria equi*）寄生于马属动物红细胞、淋巴细胞而引起的一类蜱传血液原虫病。世界动物卫生组织（OIE）将其列为B类疫病，我国将其列为二类疫病。本病的主要临床特征为稽留热、贫血、黄疸和血虫症，其病死率高。

3.2 马泰勒虫 *theileria equi*

隶属于原生动物门（Protozoa）、复顶亚门（Apicocomplexa）梨形虫纲（Piroplasmea）、梨形目（Piroplasmida）、泰勒科（Theileriidae）、泰勒属（*Theileria*）。马泰勒虫生活史参见附录A。

3.3 荧光定量PCR real time pcr

在PCR反应体系中加入荧光基团，利用荧光信号的积累实时监控整个PCR反应过程。

3.4 Ct值 cycle threshold

每个反应管内的荧光信号达到设定的阈值时所经历的循环数。

4 缩略语

下列缩略语适用于本文件。

PCR：聚合酶链式反应（polymerase chain reaction）

FAM：羧基荧光素（Carboxyfluorescein）

TAMRA：四甲基罗丹明（tetramethylrhodamine）

dNTPs：脱氧核苷酸三磷酸（deoxynucleotide triphosphate）

Taq：水生栖热菌（Thermus aquaticu）

DNA：脱氧核糖核酸（desoxyribonucleic acid）

DEPC：焦碳酸二乙酯（diethyl pyrocarbonate）

5　诊断方法

5.1　主要设备、耗材和试剂

4℃冰箱、-20℃冰箱、高速离心机、real-time PCR system 仪、核酸蛋白分析仪、高压灭菌器、电子天平、电泳仪、凝胶成像系统、移液器（10 μL，100 μL，1000 μL）、无菌采血管、无菌采血针、1.5 mL EP 管、枪头（10 μL，100 μL，1000 μL）、PCR 反应管、核酸提取试剂、PCR 反应试剂。

5.2　样品采集、保存

采集疑似马属动物无菌抗凝血约 10 mL，及时进行核酸提取，提取后的核酸可放入-20℃冰箱保存待检。若采集的血液暂时无法进行核酸提取，可暂时放入-20℃冰箱短暂保存。

5.3　检测方法

5.3.1　引物合成

上游引物 F1：5′-TTGCGGTGTTTCGGTGA-3′

下游引物 R1：5′-ATAGGTCAGAAACTTGAATGATACA-3′

探针：5′-FAM-ATAAATTAGCGAATCGCATGGCTT-TAMRA-3′

5.3.2　PCR 扩增体系

见表 1。

表 1　荧光定量 PCR 扩增反应体系

试剂名称	储备液浓度	加样量/μL（25 μL 反应体系）
10×PCR buffer（不含 Mg^{2+}）	—	2.5
MgCl$_2$	25 mmol/L	1.5
dNTPs	2.5 mmol/L	2.0
Taq DNA 聚合酶	5 U/μL	0.35
上游引物 F1	10 μmol/L	1.0
下游引物 R1	10 μmol/L	1.0
特异性探针	10 μmol/L	0.5

（续表）

试剂名称	储备液浓度	加样量/μL （25 μL 反应体系）
DNA 模板	—	1.0
加 DEPC 水至	—	25.0
注：PCR 反应参数：94℃预变性 2 min；（94℃变性 15 s，56℃退火 50 s，共 45 个循环）		

5.3.3 质量控制

每个样品设置两个平行的反应体系，检测过程中应分别设立阳性对照、阴性对照和空白对照，用已知马泰勒虫阳性血液样品作为阳性对照，用已知不含马泰勒虫血液样品作为阴性对照，用等体积双蒸水代替模板 DNA 作为空白对照。

以下条件有一条不满足时，实验视为无效：

a）空白对照：无荧光对数增长，相应的 Ct 值>40；

b）阴性对照：无荧光对数增长，相应的 Ct 值>40；

c）阳性对照：有荧光对数增长，且荧光通道出现典型的扩增曲线，相应的 Ct 值<30。

5.3.4 结果判定

在符合 5.3.3 规定的情况下，被检样品进行检测时：

a）如 Ct 值≤35，则判定为被检样品阳性；

b）如 Ct 值≥40，则判定为被检样品阴性；

c）如 35<Ct 值<40，则重复一次。如再次扩增后 Ct 值仍为<40，则判定为被检样品阳性；如再次扩增后 Ct 值≥40，则判定为被检样品阴性。

5.3.5 结果表述

具体要求如下：

a）结果为阳性者，表述为"马泰勒虫病阳性"；

b）结果为阴性者，表述为"马泰勒虫病阴性"。

6 检出限

本方法规定的最低检出限为 $1×10^1$ 拷贝/μL。

附录 A
（资料性）
马泰勒虫生活史

A.1　马泰勒虫生活史

　　包括在马属动物体内和媒介蜱体内两个阶段。蜱叮咬马匹时，寄生在蜱体内的马泰勒虫子孢子通过蜱唾液腺管传播进入马体内，子孢子侵入淋巴细胞后形成大小两种裂殖体，其中大裂殖体在淋巴细胞内成熟后破裂释放出大裂殖子，进一步入侵新的淋巴细胞；小裂殖体在淋巴细胞破裂后释放小裂殖子，然后侵入红细胞内发育为配子体，配子体随蜱叮咬马匹时随血液一起进入蜱体内，形成大小两种配子，并结合为合子，完成有性生殖。合子进而变为动合子，进入蜱的肠管、体腔、马氏管等各个器官，进行孢子生殖，多核的孢子在成熟后随机进入蜱唾液腺管，蜱在叮咬马匹时，进而造成马泰勒虫病的感染，详见图 A.1。

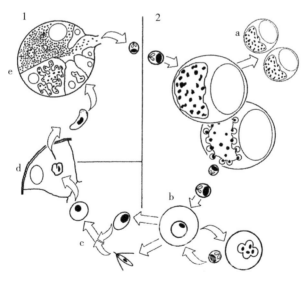

注：1. 在蜱体内；2. 在哺乳动物宿主体内；a. 裂殖体在淋巴细胞内；b. 梨籽形虫体在红细胞内；c. 肠腔；d. 肠上皮细胞；e. 唾液腺。

图 A.1　马泰勒虫生活史

第六章　展　望

新疆地域辽阔，是我国主要的草原牧区之一，自然资源适合发展马乳产业。新中国成立以来，特别是改革开放以来，新疆科技工作者在马业科研和技术开发方面已经做了大量工作，先后培育出伊犁马和伊吾马两个优良品种，制定了乳用马生产管理规程和饲养管理技术规范等技术规范，研究酸马乳菌相构成、分离筛选菌种，优化酸马乳加工工艺，开发了系列马乳饮料产品等，为发展新疆现代马乳产业奠定了基础。新疆是多民族聚居区，其中少数民族占60%。维吾尔族、哈萨克族、蒙古族等民族居民历来就有饮用酸马乳的传统，马乳制品有一批数量可观且稳定的忠实消费者。随着马乳营养知识的普及、国民保健意识的增强、旅游业的发展以及各民族饮食文化的相互交融，对马乳和马乳制品的需求将进一步扩大，其市场前景广阔。从资源、历史、人文、科技和市场等方面都可以看出新疆具有发展马乳产业的优势（陆东林等，2012）。马乳产业是一个朝阳产业，在特色乳的产业发展中，虽然马乳的发展较为落后，但马乳的功能性、稀缺性、地域性等特点独具优势，特色突出，综合效益高，发展潜力巨大。奶源稀缺是制约产业发展最为突出的问题（王玉斌等，2018）。

一、要加强科普宣传

采用多种形式，科学地宣传普及马乳和马乳制品的营养价值和保健功能，提高消费者对马乳的认知水平，引导消费者正确选择马乳制品，将生产者和消费者有效连接，规范生产，理性消费（陆东林等，2012）。

二、要制定相关标准规范生产

马乳的质量不仅取决于马的饲养管理、挤奶的规范操作，还取决于产品的加工工艺及后期冷链运输、贮藏等生产技术环节。马乳加工业相对滞后，规模化、标准化收购、生产、灭菌、加工技术等尚未形成相应标准，大多数企业仍按自行制定的企业标准组织生产和销售。为确保马乳制品安全和质量，严格按照国家食品质量安全管理体系要求，要在特色养殖、原料收集、原料加工、产品生产、贮藏运输、包装销售等环节，制定相应的国家、行业或地方标准，实施质量管理和科学监管（任建存，2021）。有利于提高产品质量、规范马乳及乳制品市场；保障农牧民、加工企业和消费者的合法权益，促进马乳产业健康稳定发展。

三、要创新思路开发产品

充分利用马乳"天然、保健、安全"的特点，积极拓展应用新领域，推出合适的乳制品，丰富产品类型，探索开发功能保健食品、高端美容产品、高档洗化产品等。开发更多具有营养兼食疗保健功能的乳制品，不仅可以成为特种养殖业新的经济增长点，而且可以丰富乳产品市场，让特色奶市场逐渐壮大起来（任建存，2021）。

现代马乳产业的发展有益于满足消费者对奶产品多元化的需求，有利于带动上游饲料加工产业和下游马乳加工，以及马乳和文化旅游结合的疗养产业发展。而马乳产品由于其功能性的附加值，可以涉及一二三产业，马乳产业的可持续发展不仅能为发展牧区特色奶制品经济增光添彩，也能在居民饮食结构改善、牧区精准扶贫、拓宽牧民增收渠道、促进牧区绿色产业发展、增加地方财政收入、稳定地区发展、保障国家安全等方面发挥积极的作用（王黎黎，2020）。

参考文献

陈宝蓉，张雨萌，王筠钠，等，2023. 马乳和驴乳中营养成分及加工技术研究进展 [J]. 中国乳品工业，51（6）：32-39.

付凌晖，刘爱华，2022. 中国统计年鉴——2022 [M]. 北京：中国统计出版社.

刘宇婷，王越男，郭军，等，2021. SFC-Q-TOF-MS 法鉴定 4 种家畜乳甘油三酯及特征分析 [J]. 食品科学，42（24）：296-304.

陆东林，刘朋龙，王生俊，等，2012. 新疆马乳产业发展初探 [J]. 中国乳业（11）：16-19.

陆东林，徐敏，李景芳，等 . 2017. 新疆特种乳开发利用现状和发展前景 [J]. 中国乳业（5）：72-77.

陆东林，徐敏，李景芳，等 . 2017. 制定食品安全地方标准，促进特种乳产业健康发展 [J]. 新疆畜牧业（1）：4-7.

罗鹏辉，2022. 新疆马产业发展现状分析 [J]. 新疆畜牧业，37（3）：8-12.

任建存，2021. 我国特色乳制品的营养功效与产业发展 [J]. 中国乳业（8）：34-39.

王黎黎，2020. 内蒙古马奶产业发展研究 [D]. 呼和浩特：内蒙古农业大学.

吴艳，郭军，王越男，等，2022. 质子转移反应-飞行时间质谱法鉴定 6 种家畜原乳气味物质及特征分析 [J]. 分析化学，50（4）：643-658.

徐敏，李景芳，何晓瑞，等，2018. 牛、马、驴、驼乳生乳和乳粉产品标准的比较分析 [J]. 新疆畜牧业，33（1）：12-15.

许晶辉，2020. 驴乳和马乳的营养成分及对肠道微生物的影响 [D]. 西安：陕西师范大学.

张世瑶，李莉，陆东林，2015. 特色乳营养功效研究新进展 [J]. 新疆畜牧业（2）：19-22.

第二篇

新疆驴乳产业标准体系

第一章 新疆驴乳产业发展现状

新疆作为中国最大的驴养殖基地之一，具备了发展驴乳产业的得天独厚的条件。该地区气候适宜，土地资源丰富，驴养殖历史悠久，因此驴乳的生产成本较低。此外，新疆还拥有丰富的驴乳加工技术和经验，能够生产出高质量的驴乳制品。这些优势为新疆驴乳产业的发展提供了坚实的基础。

新疆作为驴乳的主要产区之一，其驴养殖规模也在逐年扩大。根据第三次全国农业普查主要农产品分布图集显示，新疆驴养殖地区排名在全国前100名的涉及13县市，包括库车县、拜城县、乌什县、疏附县、英吉沙县、泽普县、莎车县、叶城县、麦盖提县、岳普湖县、伽师县、皮山县、民丰县。截至2021年我国驴养殖数量为196.7万头，新疆驴养殖数量为26.8万头，在全国占比13.62%，位居全国第四（数据来源：2022年统计年鉴），到2022年底，新疆驴的存栏量为22万头。新疆驴乳加工企业共有8家，包括花麒、玉昆仑、源西域、昆仑绿源、玉龙、梦圆等品牌，2021年销售额约7 000万元，占全国市场份额的90%。

新疆驴乳产业在过去几年取得了显著的发展，不仅驴乳品种丰富多样，存栏量和产量也在逐年增加。同时，新疆驴乳的产品品类也越来越多样化，满足了不同消费者的需求。然而，新疆驴乳产业仍面临一些挑战，如技术标准的统一、产品质量的提升等。因此，未来的发展需要政府、企业和科研机构的共同努力，以推动新疆驴乳产业的可持续发展，此外，新疆作为"一带一路"倡议的重要节点，具备了拓展国际市场的优势和机遇。

第二章　新疆驴乳产业标准现状综述

新疆驴乳产业的健康发展离不开标准的支撑、建立，完善驴乳产业标准体系，可以有效促进驴乳产业的健康有序发展。《中华人民共和国食品安全法》第二十九条规定："对地方特色食品，没有食品安全国家标准的，省、自治区、直辖市人民政府卫生行政部门可以制定并公布食品安全地方标准，报国务院卫生行政部门备案。"随着科研水平的提高和市场经济的不断深入发展，从事驴乳生产、加工、贸易的经营主体越来越多，驴乳产品种类和生产规模也日益扩大。2017 年，新疆共有 13 个地区的驴养殖数量超过万头，其中莎车县、皮山县、叶城县以及和田县养殖规模均超过 3 万头，驴数量充足，有很大的发展潜力（图 2.1）。从 2017 年开始，新疆的驴养殖数量占全国养殖数量的比值逐渐升高（图 2.2），但新疆地区气候条件相对恶劣，绝大部分驴实行分散饲养，驴品种没有进行过系统选育，驴的产乳量低，乳质差别很大（李景芳等，2021），对乳驴的泌乳规律及乳质状况缺乏研究（陈荣等，2007；陆东林等，2013）。近几年，驴产业逐步由原来散养向高效规模化养殖模式转变，规模化、集约化养殖开始出现，若能充分利用当地资源，尽早地建立完善相关标准

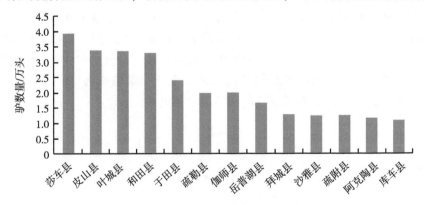

图 2.1　新疆 2017 年驴养殖数量超万头的县

（资料来源：陈英等，2022）

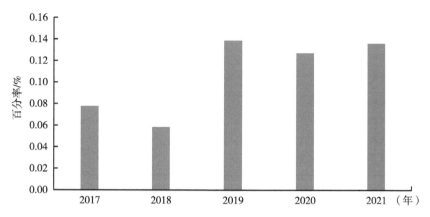

图 2.2　2017—2021 年新疆驴养殖数量占全国养殖数量的比值

（资料来源：2021 年新疆统计年鉴）

体系，扩大饲养量，实现产业规模化，提高泌乳量，规范饲养管理制度，保证原料乳质量安全。规范驴乳制品生产和标准，必能有效增加当地驴养殖户的收入，促进驴乳养殖高质量可持续发展（田方等，2014；李惠等，2016）。

第一节　驴乳标准简述

一、驴乳地方标准分布及分类

驴乳产业相关标准共计 28 项，涉及生驴乳类标准 4 个，驴乳粉类标准 4 个，驴品种类标准 10 个，巴氏杀菌驴乳标准 2 个，发酵驴乳及驴乳粉类标准 4 个，养殖规范类标准 4 个，从发布机构看，主要涉及 15 家单位，其中协会、联合会等 1 家，科研机构及大学 13 家，企业 1 家。年份跨度从 1988—2023 年，具体情况见表 2.1。

表 2.1　驴乳产业标准分类情况

类型	数量（个）	主要起草单位	年份
驴品种类标准	10	新疆畜牧科学院、新疆维吾尔自治区畜牧总站、庆阳市畜牧技术推广中心、河北省畜牧站、河南省畜牧总站、乐都县畜牧兽医站、陕西省畜牧兽医总站、中国农业大学马研究中心、安徽省农牧渔业厅畜牧局	1988—2018

（续表）

类型	数量（个）	主要起草单位	年份
养殖规范类标准	4	新疆畜牧科学院、塔里木大学	2007—2022
生驴乳类标准	4	聊城大学、乌鲁木齐市奶业协会	2017—2023
驴乳粉类标准	4	乌鲁木齐市奶业协会、新疆达瓦昆畜牧生物科技有限责任公司	2007—2023
发酵驴乳及驴乳粉类标准	4	乌鲁木齐市奶业协会、塔里木大学	2010—2023
巴氏杀菌驴乳标准	2	乌鲁木齐市奶业协会	2017—2023

二、驴品种标准

体型外貌是体躯结构的外部表现，在泌乳家畜中主要包括体尺及乳房性状等的体型性状，是品种特征之一，与生产性能有着密切的关系。本书整理了现可查询到的十个标准分别为 DB65/T 3679—2014《和田青驴》、DB65/T 3482—2013《吐鲁番驴》、DB65/T 2793—2007《新疆驴》、DB62/T 2923—2018《庆阳驴》、DB13/T 983—2008《渤海驴》、DB41/T 1659—2018《长垣驴》、DB63/T 1083—2012《青海毛驴》、GB 6940—2008《关中驴》、GB/T 24877—2010《德州驴》、DB34/T 04—2023《淮北灰驴》，各类标准均从品种来源、品种特性、外貌特征、生产性能、肉用性能、繁殖性能、役用性能、等级鉴定等方面对驴品种进行了规定，其中各标准的主要差异体现在等级鉴定部分，DB65/T 3679—2014、DB63/T 1083—2012、GB 6940—2008 主要通过外貌评分、体尺评分、体重评分按照性状加权系数计算评定指数，DB62/T 2923—2018、DB41/T 1659—2018、GB/T 24877—2010、DB34/T 04—2023 是通过分别为外貌、体尺进行单独评级，再根据等级进行综合定级，而 DB65/T 3482—2013、DB65/T 2793—2007 等则是按照品种标准基本要求，通过能达到基本要求的比例进行评级。DB13/T 983—2008 中只规定了屠宰率、净肉率、最大腕力等的计算方法，未设置等级评定标准，具体见表 2.2。

在上述标准中，对产乳性能涉及较少，较多关注肉用性能及屠宰率，只有 DB65/T 3482—2013、DB62/T 2923—2018 在生产性能中包括了泌乳性能，其中吐鲁番驴泌乳期 180~210 d，泌乳量 1~2 kg/d，庆阳驴泌乳期大约 180 d，产乳量 350 kg，日均产乳量 1.94 kg。

表 2.2 各类驴品种标准等级评定方法对比

标准名称	区域	等级鉴定方法
DB65/T 3679—2014 《和田青驴》	新疆	按照外貌、体尺、体重三项进行加权，计算分级综合评定指数（I），$I=0.35a_1+0.30a_2+0.35a_3$
DB65/T 3482—2013 《吐鲁番驴》	新疆	按照品种标准基本要求，凡体重超过基本要求 15% 的为特级，符合基本要求为一级，体重低于基本要求 10% 为二级，达不到二级的为等外
DB65/T 2793—2007 《新疆驴》	新疆	按照品种标准基本要求，凡体重超过基本要求 15% 的为特级，符合基本要求为一级，体重低于基本要求 10% 为二级，达不到二级的为等外
DB62/T 2923—2018 《庆阳驴》	甘肃	根据体型外貌、体重、体尺分别评级后进行综合评级，按照体型外貌、体尺体重指标中最低一项确定等级
DB13/T 983—2008 《渤海驴》	河北	未设置等级评定标准
DB41/T 1659—2018 《长垣驴》	河南	根据体型外貌、体重、体尺分别评级后进行综合评级
DB63/T 1083—2012 《青海毛驴》	青海	按照外貌、体尺、体重三项进行加权，其中外貌评分比重为 40 分，体重评分比重为 30 分，体尺评分比重为 30 分，三项合计 100 分
GB 6940—2008 《关中驴》	原产于陕西（国家标准）	按照外貌、体尺、体重三项进行加权，计算分级综合评定指数（I），$I=0.35W_1+0.30W_2+0.35W_3$
GB/T 24877—2010 《德州驴》	原产于山东（国家标准）	根据体型外貌、体重、体尺分别评级后进行综合评级
DB34/T 04—2023 《淮北灰驴》	安徽	根据体型外貌、体重、体尺分别评级后进行综合评级

三、驴乳产品标准

（一）生驴乳标准

生驴乳是指从泌乳期的健康母驴乳房中挤出的无任何提取或添加，未经任何处理的常乳，其技术指标和卫生要求对驴乳产品全产业链及生乳质量和卫生评价起到至关重要的作用。本书整理了 3 个标准分别为 T/CAAA 057—2021《生驴乳》、DBS 65/017—2023《食品安全地方标准　生驴乳》、DB37/T

3664—2019《德州驴生乳》。

DBS 65/017—2023《食品安全地方标准　生驴乳》由新疆维吾尔自治区卫生健康委员会提出。适用于生驴乳，不适用于即食生驴乳。从正常饲养的、经检疫合格的无传染病和乳房炎的健康母驴乳房中挤出的无任何成分改变的常乳，产驹后15天内的乳、应用抗生素期间和休药期间的乳汁、变质乳不应用作生乳。

在新疆地方标准《食品安全地方标准　生驴乳》、山东省地方标准《德州驴生乳》、团体标准《生驴乳》的对比中发现，《德州驴生乳》及团体标准《生驴乳》关于感官要求的描述更为具体，规定其滋味偏甜，色泽偏淡青色，理化指标相比较新疆地区增加冰点、亚油酸（占脂肪酸总量）、体细胞数项目，对酸度的限量要求范围较广，同时团体标准《生驴乳》中根据驴乳本身脂肪含量较低的特性，细化脂肪的指标限量：按其脂肪含量分为2个级别，分别做限量要求，具体差别见表2.3。

表2.3　各类生驴乳标准指标对比

项目	团体标准 T/CAAA 057—2021	食品安全地方标准 （新疆） DBS 65/017—2023	食品安全地方标准 （山省） DB37/T 3664—2019
色泽	呈白色，或略呈淡青色	呈乳白色或白色	呈白色，偏淡青色
滋味、气味	具有驴乳固有的香味，微甜，无异味	具有驴乳固有的香味和甜味，无异味	具有驴乳固有的香味、无异味，微甜
冰点/℃	−0.30~−0.67	—	−0.30~−0.67
亚油酸（占脂肪酸总量）/%	≥16	—	≥16
体细胞数/ （1 000个/mL）	≤100		≤100
酸度/°T	≤8	≤6	≤8
脂肪/（g/100g）	≥0.20且<0.5为一级乳，≥0.50为优质乳	≥0.25	≥0.20

（二）巴氏杀菌驴乳

巴氏杀菌驴乳是指仅以生驴乳为原料，经巴氏杀菌等工序制得的液体产品，本书只整理了现可查询到的 DBS 65/018—2023《食品安全地方标准　巴氏杀菌驴乳》DBS 65/018 由新疆维吾尔自治区卫生健康委员会提出。适用于全脂、脱脂和部分脱脂巴氏杀菌驴乳。仅以生驴乳为原料，经巴氏杀菌等工序制得的液体产品。其同 DBS 65/017《食品安全地方标准　生驴乳》相比，除术语和定义外，在感官要求、理化指标、污染物和真菌毒素限量基本相同，值得注意的是，巴氏杀菌驴乳对微生物的指标限量更加严格，在生驴乳的基础上增加了大肠杆菌限量要求，同时要求致病菌包括沙门氏菌，金黄色葡萄球菌应符合 GB 29921 的规定。

（三）发酵驴乳及驴乳粉

本书整理了现可查询到的 T/CAAA 058—2021《发酵驴乳》、DBS 65/020—2023《食品安全地方标准　发酵乳粉》，其中 T/CAAA 058—2021《发酵驴乳》团体标准中脂肪、蛋白质、非脂乳固体、酸度限量均低于国家标准 GB 19302—2010《食品安全国家标准　发酵乳》，另外发酵驴乳及风味发酵驴乳酸度限量值均高于 DBS 65/020（发酵驴乳粉酸度指代复原乳酸度），发酵乳粉微生物指标较发酵驴乳增加菌落总数限量，但未见对农药残留应符合 GB 2763 的要求、兽药残留应符合 GB 31650 的要求的描述。

（四）驴乳粉

本书整理了现可查询到的四个标准分别为 DB65/T 2800—2007《驴乳粉和调味驴乳粉》（已废止）、DBS 65/019—2023《食品安全地方标准　驴乳粉》、DBS 65/025—2023《食品安全地方标准　调制驴乳粉》，其中 DB65/T 2800—2007 由新疆营养学会起草，2007 年 12 月 1 日实施，现已废止；DB65/T 2800 在感官特性中强调了产品的冲调性，理化指标中强调了净含量及净含量允许短缺量、亚油酸、不溶度指数，卫生指标中强调了硝酸盐等指标，而在 DBS 65/019 中简化了相关项目，未见上述指标，但对微生物项目的采样方案及限量做了细化。

DBS 65/019—2023、DBS 65/025—2023 是在 DBS 65/019—2017 的基础上，将驴乳粉和调味驴乳粉分开，修改了调制驴乳粉的定义，降低了对脂肪含量的要求。

四、生产技术规范标准

本书整理了现可查询到的乳用驴养殖规范相关标准四个，分别为 DB65/T 4496—2022《乳用驴生产性能测定技术规范》、DB65/T 2778—2007《新疆驴养殖标准体系总则》、DB65/T 4507—2022《母驴泌乳期饲养管理技术规范》、DB65/T 4507—2022《母驴泌乳期饲养管理技术规范》，内容包括新疆驴生产标准体系，新疆种公驴、繁殖母驴（包括空怀母驴、妊娠母驴、哺乳母驴）管理、幼驹管理、舍饲管理等技术要求及母驴泌乳期间的卫生和保健、饲养管理、饲养标准、挤乳要求和管理，还包括了泌乳各阶段的营养量推荐表，规定了乳用驴的乳用性能包括泌乳期、产乳量、日产乳量、乳质量及可疑乳样的处理。立足新疆本地化养殖实际情况，此类养殖规范的建立在一定程度上提高了新疆驴规模化养殖总体水平。

第二节　关于驴乳产业标准的探讨及建议

一、加工技术

随着驴乳产业快速发展，从事驴乳生产、加工、贸易的经营主体越来越多，驴乳产品种类和生产规模也日益扩大。人们对优质乳品的需求量增大，建立驴乳制品生产加工方式尤其重要。热处理、喷雾干燥、发酵作为主要的加工技术（陈宝蓉等，2023），在驴乳中普遍应用，但如何减少加工方式对驴乳中的活性成分和风味物质的影响还需要制定相关标准，为后续的加工以及品质提高提供依据，在现行巴氏杀菌驴乳及驴乳粉标准中，对驴乳产品各指标进行了规定，但对其加工技术等的规范标准较少（Miao 等，2020）。

乳品加工技术主要以热处理加工为主，包括巴氏杀菌技术、超巴氏杀菌技术和超高温杀菌技术。热处理过程中会影响乳品的蛋白质稳定性，包括营养物质及活性成分（敖维平等，2014；Mohamedh 等，2022）。研究表明驴乳中溶菌酶和乳铁蛋白含量较高，在不做任何处理的情况下有较长的保存期（Gubij 等，2016）。驴乳中溶菌酶在15℃左右的温度下开始有活性，最佳活性温度为35~40℃，50℃时活性降低，保留80%的活性，当温度达到70℃时，活性剩余50%的（Vincenzetti 等，2018；Matera 等，2022）。研究发现使用连续低流速巴氏杀菌设备加工驴乳，会使溶菌酶活性降低20%~60%，β-乳球蛋白降解2%~22%（王涵等，2022）。采用较低水平的热处理时，驴乳较为稳定，驴乳的低温长时间巴氏杀菌不会降低溶菌酶的活性（苗婉璐等，2019），在冷藏或冷冻温度下储存时，驴乳脂肪的营养质量和产品的总成分较为稳定（Miaowl 等，2020），但过度的热处理（>85℃）则会降低驴乳蛋白质条带（酪蛋白、乳铁蛋白、溶菌酶、α-乳白蛋白和 β-乳球蛋白）的强度，离心沉淀率和表面疏水性增加（Martinim 等，2018；Minam 等，2019）。刘述皇等的研究表明，驴乳酪蛋白的变性温度在 90~100℃，驴乳经75℃加热30 min后，上清液中的酪蛋白变性速度较慢，变性程度较低；经 90℃下加热 30 min后，驴乳沉淀中

的 β-乳球蛋白的变性程度增加；待煮沸后，驴乳中的酪蛋白则完全变性（刘述皇等，2015）。

驴乳产品的结构影响着新疆特种乳加工企业的发展，目前，驴乳制品结构较单一，主要以驴乳粉为主。主要采用的喷雾干燥技术是指在干燥室中将稀料经雾化后，在与热空气的接触中，水分迅速汽化，即得到干燥产品。该技术能直接使溶液或乳浊液干燥成粉状或颗粒状制品。干燥过程迅速、时间短，可直接干燥成粉末，是在工业化生产中常用的干燥方法之一。有研究表明，喷雾干燥对亚麻酸、亚油酸、花生四烯酸等脂肪酸的含量影响较大（聂昌宏等，2019），同时在喷雾干燥驴乳中，溶菌酶的活性和 β-乳球蛋白的含量明显下降（Martinim 等，2018）。

驴乳凝乳性差，不容易制造奶酪，但在酸性条件下有形成弱凝乳的能力（武运等，2021；卢野等，2021），与牛乳相比，驴乳的酸化率和黏性较低，不能形成真正的凝乳结构，而只能形成缺乏牢固性的小块酪蛋白片（Ichrakc 等，2018）。驴乳初始微生物总数低，高含量溶菌酶可作为功能食品制剂的良好基础成分（Mariaa 等，2016），其可用于生产具有益生菌和治疗作用的酸奶类产品，驴乳的高乳糖含量也有利于益生菌的生长（Coppolar 等，2002）。目前，发酵驴乳的质地和味道加工技术是驴乳产品制约因素之一（杨行等，2020；刘飞等，2023）。

近年来，全国乳业市场呈现出多样化发展，驴乳产业也有了阶段性发展，驴乳加工企业从无到有，且在市场竞争中积累了资金和经验，为驴乳产品研发创造了条件，针对驴乳制品结构单一情况，应加强驴乳产品加工技术相关标准制定（史冠英等，2020），大力开发多种巴氏驴乳、发酵驴乳、发酵驴乳粉产品，以标准为依托，通过考虑诸如保质期、原料乳可用性、价格、感官特性和目标消费者群体等因素，稳定驴乳中活性成分，丰富乳品结构功能及风味，促进驴乳产业高质量发展（张朝玉等，2015）。

二、特征指标

驴乳中含有大量对人体有益的活性物质（尹庆贺等，2022），但驴乳的营养特点和价值并未广泛被消费者了解和认可（苟小刚等，2022），原料乳的收购及相关标准也只关注包括乳糖、蛋白质、脂肪在内的基础指标（佟满满等，2022），如何提升驴乳产品竞争力，是否可在生驴乳及驴乳粉中体现相关特征指标，从而最大程度上体现驴乳的价值及用途是值得进一步研究的问题。

与牛乳、羊乳相比，驴乳脂肪中所含的必需脂肪酸含量较高，研究发现，每升驴乳中共轭亚油酸平均含量为 32.18 mg（周小玲等，2011），对降低血液中甘油三酯、胆固醇具有积极作用。驴乳中亚油酸和亚麻酸含量占总脂肪酸的百分比明显高于牛乳、羊乳、马乳和人乳，乳清蛋白含量高于牛乳，酪蛋白/乳清蛋白最接近母乳；研究发现驴乳和母乳中的蛋白高度相似（Charfi 等，2018），可用于严重牛乳蛋白过敏反应的儿童。此外，驴乳中含较高的溶菌酶浓度，每千克驴乳含近 1 g 的溶菌酶（刘飞等，2023），其溶菌酶含量高于母乳和牛乳，具体含量差异见表 2.4。驴乳中硒含量较高（苏军龙等，2009；张美琴等，2012），据研究记载，南疆驴乳中硒的含量是牛乳的 5 倍以上（岳远西等，2021），驴乳含硒量达 10 μg/100 g，远高于其他家畜乳，堪称富硒食品（王帅等，2017）。因此，在生驴乳及相关标准中涉及驴乳特征指标如各类脂肪酸、硒、溶菌酶、酪蛋白/乳清蛋白等，一方面可提升消费者认可程度，另一方面也规范提升了驴乳的整体水平，避免了原料乳质量参差不齐，以假乱真的情况发生（牛跃等，2020）。

表 2.4　不同乳中蛋白质含量对比　　　　　　　　　　　单位：g/L

成分	马乳	驴乳	母乳	牛乳
酪蛋白	9.4~13.6	6.4~10.3	5.6	24.628
乳清蛋白	7.4~9.1	4.9~8.0	6.2~8.3	4.5
酪蛋白/乳清蛋白	1.1	1.28	0.4~0.5	4.7
α_{s1}-酪蛋白	2.4	ND	0.8	8~10.7
α_{s2}-酪蛋白	0.20	ND	ND	3.7
β-酪蛋白	10.66	ND	4.0	10
κ-酪蛋白	0.24	微量	1.0	3.5
酪蛋白胶束粒径/nm	255	100~200	64~80	150~182
α-乳白蛋白	2.37	1.80	1.9~3.4	1.2
β-乳清蛋白	2.55	3.7	ND	3.3
溶菌酶	0.5~1.33	1.0	0.04~0.2	微量
乳铁蛋白	0.1~2.0	0.08	1.7~2.0	0.1
免疫球蛋白	1.63	ND	1.1	1.0
非蛋白氮	0.38	0.46	0.45	0.27~0.38

资料来源：陈宝蓉等，2023。

三、养殖技术规范

驴乳的生产技术标准体系涉及从驴的品种选择、饲养到乳品的加工、运输及市场的营销等方面，这中间任一环节的脱节都有可能导致乳品的质量安全。标准化的驴乳生产技术是保障乳品质量的科学依据。

原料乳质量是影响驴乳制品质量安全的关键因素。因此制定乳驴饲养管理、环境卫生、挤乳操作、储存与运输、化验检测等的技术措施、技术标准，对提高驴乳原料质量、产量是非常必要的。驴的泌乳期短，泌乳量较低，乳驴泌乳期一般可达 7~8 个月，驴产乳情况因品种不同而异，产后 1.5~4 个月处于高产期，日单产最高可达 3.5~4.0 kg，平均 1.5~1.8 kg。驴乳酸度随泌乳期延长呈现升高趋势，泌乳期 6 个月达到最高值（黄实等，2014），乳糖和脂肪含量随泌乳期呈现出下降趋势，均在泌乳期 6 个月达到最低值，蛋白质和水分变化呈现相反趋势，硒元素含量相对稳定，总的脂肪酸含量呈现下降趋势，其中饱和脂肪酸与短链脂肪酸呈现先上升后下降趋势（樊永亮等，2021）。在泌乳期的不同阶段驴乳的成分含量存在一定差异，放牧+补饲饲养方式既可提高乳品质，也可节约养殖成本（王铁男等，2022）。

随着驴乳产业的快速发展，驴养殖由原来散养向高效规模化养殖模式转变。在此过程中，会面临群发疾病风险、繁殖性能下降、营养及饲喂管理落后、活体开发不足以及粪污无害化处理等诸多问题。与其他大家畜相比，目前对驴产业技术研发的投入较少、专业人才匮乏，导致技术水平远不能满足产业发展需求。对于集约化养殖转型过程中出现的问题，建立完善的养殖技术规范标准可使相关问题得到有效的解决。

我国近几年发布的有关乳品的质量标准、污染物限量标准、分析和检测的国家标准、行业标准不断增加，但驴乳生产技术相关的标准很少。现已发布的驴乳生产技术标准主要以地方标准和团体标准为主。现可查询到的相关养殖技术规范涉及母驴泌乳期的饲养管理，包括环境卫生、饲料卫生、不同泌乳阶段的饲养管理、挤乳要求；乳用驴生产性能测定技术规范，包括其日产乳量和乳质量的测定；新疆驴饲养管理规程，包括舍饲管理、配方及饲料。但是，这些标准没有覆盖到驴乳生产的全过程。乳用驴的疫病防治，驴乳规模化、标准化收购、生产、灭菌、加工技术等尚未形成相应标准。

对比而言，应该建立专门针对原料乳生产流程的技术规范标准，包含乳驴饲养，挤奶厅管理、榨乳、储存、运输、加工（图 2.3），从而更好地规范驴乳原料质量、产量。

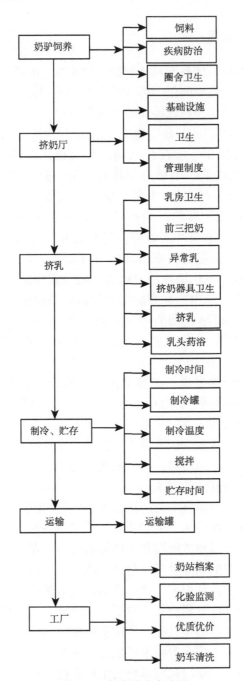

图 2.3 生驴乳生产流程

(资料来源：李惠等，2016)

大力发展驴乳产业，首先要通过实施科技攻关，选择产乳量高的个体，培育高产乳用驴品种；研究驴的泌乳规律、饲料及饲养管理对产乳量的影响，制定合理的饲养管理方法和科学的饲料配方，规范饲养管理制度，提高驴乳产量，保证原料乳质量安全；其次要加强研发驴乳及其制品的加工工艺，丰富驴乳产品类型；同时改进驴乳的采集、加工、运输、保藏程序及手段，走产业化经营的路子。进一步健全和完善从乳用驴的品种选育、饲养到驴乳生产、收购加工等标准化体系，确保驴乳及其制品的质量安全，促进驴乳产业健康、有序和可持续发展。

四、缺乏驴乳产品国家标准

国家标准可以从源头上严把质量安全关，统一质量指标，为社会提供更加优质的产品，让企业间公平竞争。制定驴乳产品相关的国家标准，还能对规范驴乳和驴乳制品市场、加强产品质量监管、保护消费者合法权益、促进驴乳产业健康稳定发展具有重要意义。国家标准的订立还能提升特色乳制品的消费信心，是提升驴乳产业核心竞争力的关键（徐敏等，2020）。

由于生驴乳的化学成分及理化指标和牛羊乳及驼乳有显著区别，现有国家标准 GB 19301—2010《食品安全国家标准　生乳》并不一定适用于驴乳。目前可参照 GB 6914—1986《生鲜牛乳收购标准》（已废止）和 NY 5045—2008《无公害食品　生鲜牛乳》（已废止）农业行业标准制定生鲜驴乳收购标准。参照 GB 19644—2010《食品安全国家标准　乳粉》制定驴乳粉标准。

第三章　新疆驴乳品种标准

【地方标准】

和田青驴

标准号：DB65/T 3679—2014

发布日期：2014-12-15　　　　　　　　　实施日期：2015-01-15

发布单位：新疆维吾尔自治区质量技术监督局

前　　言

本标准根据 GB/T 1.1—2009《标准化工作导则　第 1 部分：标准的结构和编写规则》相关要求制定。

本标准由新疆维吾尔自治区畜牧厅提出。

本标准由新疆维吾尔自治区畜牧厅归口。

本标准由新疆畜牧科学院、自治区畜牧总站、和田地区畜牧技术推广站起草。

本标准主要起草人：玉山江、托乎提·阿及德、肖海霞、王铁男、帕热哈提·吾甫尔、刘黎、李小兵、谈锐、路立里

1　范围

本标准规定了和田青驴的品种来源、品种特性、外貌特征、生产性能分级和品种分级鉴定要求的方法。

本标准适用于和田青驴品种鉴定、等级评定、引种及良种登记。

2　品种来源

和田青驴，原名果拉驴，是和田地区优良的地方品种，因其被毛为青色而

被称为和田青驴,详见附录 A。和田青驴是当地群众倾向性选育形成,距今已有 200 多年的历史。和田青驴主要分布在和田皮山县乔达乡、桑株乡、木吉乡、藏桂乡等乡镇,在和田地区其他县市也有分布。2006 年和田青驴被列为国家畜禽遗传资源调查对象,并对和田青驴进行系统调查,2009 年被全国畜禽遗传资源委员会鉴定为新遗传资源,2011 年收录入《中国畜禽遗传资源志〈马驴驼志〉》。

3　品种特性

和田青驴的主产区皮山县位于塔克拉玛干沙漠南缘,喀喇昆仑山北麓,属于典型的干旱荒漠化气候,气候炎热,空气极度干燥,年均降水量 48.2 mm,年均蒸发量 2 450 mm。和田青驴能在区域内的气候条件下保持和巩固较好的生长发育特性,具有体格大、性情温顺、挽力好、耐粗饲、生长快等优良特性。

正常饲养管理的条件下,对成年公驴、母驴进行测量,结果符合表 1 要求。

表 1　成年和田青驴体重和体尺

性别	样本数	体高/cm	体长/cm	胸围/cm	管围/cm	体重/kg
公驴	50	132.00±1.70	135.40±4.70	142.80±5.09	16.60±0.55	255.65±12.39
母驴	50	130.10±3.33	133.90±4.25	141.00±6.93	16.10±0.60	241.36±10.88

4　外貌特征

和田青驴体格较大,肌肉结实,体型呈方形或长方形,头大而宽,耳朵直立、鼻孔大,下颌发达。颈长短适中或略短,颈肩结合良好,颈部肌肉发育良好,鬐甲宽厚,胸宽肋开张而圆,腹部紧凑微下垂。公驴颈粗壮,胸部宽,富有悍威,母驴腹部稍大,后躯发育良好。背腰平直,腰短而强固,利于驮,尻高宽而稍斜,股臀丰满充实,四肢健壮,关节明显,蹄质结实,属驴中的重型。和田青驴毛色为青毛,包括铁青、红青、菊花青、白青等,部分驴有背线。

5　生产性能

5.1　肉用性能

成年驴屠宰率 45% 以上,净肉率平均 30%~36%。

5.2 繁殖性能

公驴在 24~36 月龄性成熟，母驴在 18 月龄性成熟，发情周期一般平均在 21 d，发情持续期 3~8 d，妊娠期一般 360 d，24 月龄后即可以参加配种，一般两年一胎或三年两胎。在粗放饲养条件下，幼驹成活率 90% 以上。

5.3 役用性能

和田青驴乘、挽、驮兼宜，单套驴车在土路拉运 1 000 kg 重物，行进 1 km 用时 10 min。成年驴骑乘 3 人（约负重 150 kg），可连续行走 6 h 以上。成年驴的挽力可达到自身体重的 2 倍以上。

6 分级

6.1 等级鉴定

种驴等级鉴定分别在 1 岁、2 岁和 4 岁时进行，繁殖性能正常，符合品种特征。

6.2 外貌评分

外貌评分按照品种特征、整体结构、头和颈、前躯、中躯、后躯、四肢及步样，共 7 个项目进行评分，总分 100 分。外貌上凡具有严重失格，如窄胸、内弧（X 状）、交突、跛行、凹背、凹腰、凸背、凸腰、卧系及切齿咬合不齐等，公驴不评分，母驴不能评为特级、一级。

表 2　和田青驴外貌评分

项目	给满分条件	公驴/分	母驴/分
品种特征	被毛光亮，呈青色或者白色	8	8
	公驴有悍威；母驴性温顺，母性好	7	7
整体结构	体质结实、干燥，姿势优美	7	6
	体躯结构匀称、紧凑	8	6
头和颈	头大小适中，额宽	3	3
	眼大明亮，鼻孔大，口方，齿齐，颌凹宽	3	3
	颈长适中，肌肉结实，颈肩结合良好	4	4
前躯	前躯发育良好，肌肉结实	5	5
	鬐甲宽厚，长度适中	5	5
	胸深且宽，胸廓发达	5	5

（续表）

项目	给满分条件	公驴/分	母驴/分
中躯	腹部充实而紧凑	4	4
	背腰平直，肌肉发达，结合良好	4	4
	肋开张且圆	3	3
	公驴腹部充实而呈简状，母驴腹部大而不下垂	4	4
后躯	尻宽长中等，稍斜，肌肉发达	6	7
	股臀丰满充实	6	7
	公驴睾丸发育良好、对称，附睾明显；母驴乳房发育良好，乳头正常均匀	8	9
四肢及步样	四肢干燥，关节发育良好，肌腱明显，肢势端正，蹄质结实	6	6
	蹄圆大，蹄形正，蹄质坚实	4	4
合计		100	100

6.3 体尺评分

6.3.1 体尺等级

按照表3评定体尺等级。三项体尺标准，按照等级最低的一项确定等级。体尺测量见附录B。

表3 和田青驴体尺等级评定

年龄	等级	公驴/cm			母驴/cm		
		体高	体斜长	胸围	体高	体斜长	胸围
4岁	特级	135	135	142	130	131	137
	一级	130	130	136	125	126	133
	二级	125	125	131	120	121	128
2岁	特级	130	125	133	125	120	130
	一级	125	120	130	120	115	125
	二级	120	115	125	115	108	120
1岁	特级	120	115	124	118	110	121
	一级	116	110	120	115	105	117
	二级	112	105	116	110	100	113

6.3.2 体尺评分

按照附录C将体尺等级折合成分数，根据实际数值评分。体尺数值超过特级低限时，按体斜长、胸围两项中最低一项在特级给分低限的基础上加分，体斜长每增加 1 cm 加 1.5 分，胸围每增加 1 cm 加 1 分。

6.4 体重评分

6.4.1 体重等级

按照表 4 评定体重等级。体重测定见附录 B。

表 4 和田青驴体重等级评定

年龄	公驴/kg			母驴/kg		
	特级	一级	二级	特级	一级	二级
4 岁	250	235	220	210	195	170
2 岁	210	195	170	180	165	150
1 岁	175	160	145	165	150	130

6.4.2 体重评分

按照附录 C 将体重等级折合成分数。体重在各等级之间的评分依体重的实际数值而定。体重超过特级标准低限时，每增加 5 kg 加 2 分。

6.5 综合评定

后备种公驴和母驴的综合评定指数和外貌、体尺和体重三项，按照下列方法进行。

6.5.1 性状加权

各性状依其重要性进行加权，其加权系数 b 为：

外貌（b_1）= 0.35；　体尺（b_2）= 0.30；　体重（b_3）= 0.35。

6.5.2 评定指数

分级综合评定指数（I）的计算见式（1）：

$$I = 0.35\alpha_1 + 0.30\alpha_2 + 0.35\alpha_3 \tag{1}$$

式中：

α_1——外貌评分；

α_2——体尺评分；

α_3——体重评分。

6.5.3 等级评定

按照附录 C 的规定将综合评定指数换算成综合等级。

6.5.4 评定等级

进行综合评定时，应参考其父母等级。如父母双方总评等级均高于本身总评等级，可将总评等级提升一级。

7　品种分级鉴定要求

7.1　鉴定时间

品种分级鉴定每年秋季进行。

7.2　鉴定周期

每头驴在出生期、断奶期、周岁时都需要进行鉴定，2 岁进行复查鉴定，4~6 岁鉴定为终生鉴定。

7.3　鉴定前提

分级鉴定时，应了解每头驴生长发育、系谱资料和生产性能情况。

7.4　鉴定资料

出售驴时需提供完整的系谱资料、生产性能资料。

附录 A
（资料性附录）
和田青驴公驴、母驴图片

图 A.1 公驴

图 A.2 母驴

附录 B
（规范性附录）
体尺、体重测定方法与要求

B.1 体尺测量

B.1.1 测量用具

测量体高及体斜长用测杖，测量胸围、管围用皮尺。

B.1.2 驴体姿势

测量体尺时，应使驴端正地站在平坦、坚实的地面上，前后肢和左右肢分别在一直线上，头部自然前伸。

B.1.3 测量部位

B.1.3.1 体高：由鬐甲最高点到地平面的垂直距离；

B.1.3.2 体斜长：由肩端前缘至坐骨结节后缘的直线距离；

B.1.3.3 胸围：由肩胛骨后缘处垂直绕一周的胸部围长度；

B.1.3.4 管围：由左前管上 1/3 处至管骨最细处之周长。

B.2 体重测定

体重：空腹条件下进行实际称重。

附录 C
（规范性附录）
和田青驴等级与评分换算表

和田青驴等级与评分换算表

等级	公驴/分	母驴/分
特级	85.0 以上	80.0 以上
一级	75.0~84.9	70.0~79.9
二级	65.0~74.9	60.0~69.9

【地方标准】

吐鲁番驴

标准号：DB65/T 3482—2013
发布日期：2013-05-10　　　　　　　　实施日期：2013-06-10
发布单位：新疆维吾尔自治区质量技术监督局

前　言

本标准根据 GB/T 1.1—2009《标准化工作导则　第 1 部分：标准的结构和编写规则》要求制定。

本标准由新疆维吾尔自治区畜牧厅提出。

本标准由新疆维吾尔自治区畜牧厅归口。

本标准由新疆维吾尔自治区畜牧总站、新疆维吾尔自治区畜牧业质量标准研究所、吐鲁番地区畜牧工作站起草。

本标准主要起草人：谈锐、邱金玲、郑文新、陈军、阿尔达克·阿达木哈力、高维明、玉山江、阿布力米提·玉素甫、曾黎、贾旭升、程黎明、达吾热尼·乌斯曼、吐尔汗江·吐合提、米娜瓦尔·阿木提、程相鲁、肉孜·纳依甫、张德安、邢红文。

1　范围

本标准规定了吐鲁番驴的品种来源、品种特性、外貌特征、生产性能、分级、品种分级鉴定要求等。本标准适用于吐鲁番驴品种鉴定和分级。

2　品种来源

吐鲁番驴产于吐鲁番地区，主要分布在吐鲁番市各乡镇，托克逊县和鄯善县有少量分布，是当地独特地理及自然生态环境下自然选育形成的地方品种，20 世纪初当地人曾引入关中驴提高其生产性能，2010 年被农业部公布为地方畜禽遗传资源，2011 年被收录入《中国畜禽遗传资源志》。

3　品种特性

吐鲁番驴具有耐干旱高温、耐粗放饲养、产肉性能好、役用性能突出等特点。

4 外貌特征

吐鲁番驴体躯发育良好，体型近似方形，体质干燥、结实。头大小适中，额宽，眼大明亮，鼻孔大。颈长适中，肌肉结实，颈肩结合良好，鬐甲宽厚。胸深且宽，胸廓发达，腹部充实而紧凑，背腰平直，中躯略短，尻宽长中等，稍斜。四肢干燥，关节发育良好，肌腱明显，肢势端正，蹄质结实。尾毛短稀，末梢部较密而长。毛色主要为粉黑色，皂角黑色次之。

公、母驴图片见附录 A。

5 生产性能

5.1 肉用性能

成年驴屠宰率 45% 以上，净肉率平均 30%~36%。

5.2 役用性能

成年公、母驴最大挽力达到自身体重的 70% 以上。

5.3 泌乳性能

泌乳期 180~210 d，泌乳量 1~2 kg/d。

5.4 繁殖性能

公驴平均 2 岁性成熟，初配年龄 3 岁左右。母驴性成熟年龄 1.5 岁左右，一般 2 岁开始配种，发情季节多在 3~6 月，发情周期 21~25 d，发情持续期平均 5 d，妊娠期约 360 d，一般两年一胎，一生能繁殖 7~10 头后代。

6 分级

吐鲁番驴按体重分为特级、一级、二级三个等级。

6.1 品种标准

表 1 为品种标准基本要求。

表 1 品种标准基本要求

驴别	体重/kg≥	体高/cm≥	体长/cm≥	胸围/cm≥	管围/cm≥
成年公驴	240	130	127	137	16
成年母驴	220	126	124	134	15.5
3 岁公驴	210	127	125	133	16
3 岁母驴	190	124	121	130	15

注：成年吐鲁番驴指 5 岁及以上。

6.2 特级

凡体重超过品种标准要求 15%，其他指标同时符合品种标准要求的为特级。

6.3 一级

符合品种标准各项指标的为一级。

6.4 二级

体重低于品种标准 10%，其他指标同时符合品种标准要求的为二级。

6.5 等外

达不到二级的为等外。

7 品种分级鉴定要求

7.1 品种分级鉴定一般在秋季进行。

7.2 体尺、体重测定方法与要求见附录 B。

7.3 一般在初生期、断奶期、周岁时都需要进行鉴定，3 岁进行复查鉴定，4~6 岁鉴定为终生鉴定。

7.4 分级鉴定时，应了解每头驴生长发育、系谱资料和生产性能情况。

附录 A
（资料性附录）
吐鲁番驴图片

图 A.1　公驴

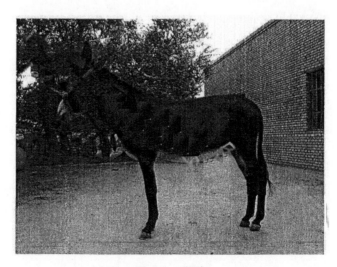

图 A.2　母驴

附录 B
（规范性附录）
体尺、体重测定方法与要求

B. 1 体尺测量

B. 1. 1 测量用具

测量体高及体长用测杖，测量胸围、管围用卷尺。

B. 1. 2 驴体姿势

测量体尺时，应使驴端正地站在平坦、坚实的地面上，前后肢和左右肢分别在一直线上，头部自然前伸。

B. 1. 3 测量部位

B. 1. 3. 1 体高：鬐甲最高点到地平面的垂直距离。

B. 1. 3. 2 体长：肩端前缘至臀端的直线距离。

B. 1. 3. 3 胸围：在肩胛骨后缘处垂直绕一周的胸部围长度。

B. 1. 3. 4 管围：左前管上 1/3 的下端（最细处）的周长度。

B. 2 体重测定

体重测定应进行实际称重（早饲前空腹称重）；若无条件时，可暂时采用式（1）进行估算，但应该在记录上注明系估算

$$体重（kg）=（胸围^2×体长）/10\ 800+45（或25） \qquad (1)$$

——式中：胸围、体长以 cm 计。

36 月龄以上，体重估计用常数"45"，36 月龄以下驴驹及 36 月龄以上膘情瘦弱的驴，其体重估计可用常数"25"。

【地方标准】

新疆驴

标准号：DB65/T 2793—2007

发布日期：2007-09-30　　　　　　　　实施日期：2007-11-01

发布单位：新疆维吾尔自治区质量技术监督局

前　　言

本标准根据 GB/T 1.1—2000《标准化工作导则　第 1 部分：标准的结构和编写规则》相关要求制定。

本标准由新疆维吾尔自治区畜牧厅提出。

本标准由新疆维吾尔自治区畜牧厅归口。

本标准由新疆畜牧科学院农业部—新疆种羊及羊毛羊绒质检中心、新疆畜牧科学院畜牧研究所起草。

本标准主要起草人：托乎提·阿及德高维明、路立里、肖海霞、热西旦、曹克涛、郑文新、辛凌翔、周卫东、王建忠。

1　范围

本标准规定了新疆驴品种技术要求、分级标准、品种分级鉴定要求。

本标准适用于新疆驴品种的鉴定、分级或种驴的选择。

2　品种技术要求

2.1　品种来源

新疆驴主要产于喀什、和田、阿克苏地区、巴州地区以及吐鲁番、哈密等地，北疆各地为数较少。由于该品种在历史上具有良好的役用性能，也慢慢分布到甘肃、宁夏、青海等地。

2.2　品种特性

新疆驴属于小型驴，性情温和，乘、挽、驮皆宜。具有耐力强、抗病力强、1~1.5 岁性成熟、耐粗饲等特征，能够适应恶劣的生长环境，一旦条件得到改善，也会取得良好的生长发育，是进行杂交改良的优良原种。新疆驴公驴 2~3 岁、母驴 2 岁开始配种。

2.3　外貌特征

新疆驴体型为正方形，头略偏大，耳直立，额宽，鼻短，耳壳内生满短毛；颈薄，鬐甲低平，背平腰短，尻短斜，胸宽胸深不足，胸围大于体长、体高，肋扁平；四肢较短，关节干燥结实，蹄小质坚；外部主体毛色多为灰色、黑色，腹毛及四肢内侧毛色多为灰白色。

2.4　生产性能

2.4.1　肉脂性能

屠宰率平均40%~45%，净肉率平均30%以上。

2.4.2　繁殖性能

公驴在2~3岁体成熟，母驴在2岁体成熟，发情周期一般平均在21 d，发情持续期3~8 d，妊娠期一般360 d，2岁即可配种，一般两年一胎，一胎产一驹，繁殖率60%。

3　分级

新疆驴按体重分为特级、一级、二级三个等级。

3.1　品种标准

表1为品种标准基本要求。

表1　品种标准基本要求

驴别	体重/kg ≥	体高/cm ≥	体长/cm ≥	胸围/cm ≥	管围/cm ≥
成年公驴	148	105	106	112	14
成年母驴	148	103	104	113	13

3.2　特级

凡体重超过品种标准要求15%，其他指标同时符合品种要求的为特级。

3.3　一级

符合品种标准各项指标的为一级。具体内容见表1。

3.4　二级

体重低于品种标准10%，其他指标同时符合品种标准要求的为二级。

3.5　等外

达不到二级技术要求的统一为等外。

4　品种分级鉴定要求

4.1　品种分级鉴定每年秋季进行。

4.2 每头驴在初生期、断奶期、周岁时都需进行鉴定，3 岁进行复查鉴定，4~6 岁鉴定为终生鉴定。

4.3 分级鉴定时，应了解每头驴生长发育、系谱资料和生产性能情况。

4.4 出售驴时需提供完整的系谱资料、生产性能资料。

第四章　新疆驴乳产品标准

【地方标准】

驴乳粉和调味驴乳粉

标准号：DB65/T 2800—2007
发布日期：2007-10-22　　　　　　　　实施日期：2007-12-01
发布单位：新疆维吾尔自治区质量技术监督局

前　　言

本标准参照 GB 5410—1999《全脂乳粉、脱脂乳粉、全脂加糖乳粉和调味乳粉》，按照 GB/T 1.1—2000《标准化工作导则　第一部分：标准的结构和编写规则》要求编写。

本标准由新疆维吾尔自治区质量技术监督局提出。

本标准由新疆维吾尔自治区轻工行业管理办公室归口。

本标准由新疆营养学会、新疆维吾尔自治区乳品质量监测中心负责起草。

本标准由新疆达瓦昆畜牧生物科技有限责任公司参加起草。

本标准主要起草人：马龙、陆东林、江龙、李雪红、杨浩峰、史景红、郭晓辉、莎丽塔娜提。

1　范围

本标准规定了驴乳粉和调味驴乳粉的定义、技术要求、检验方法、检验规则和标签、包装、运输、贮存。

本标准适用于以驴乳为主料，添加或不添加辅料，经加工制成的粉状产品。

2 规范性引用文件

下列文件中的条款通过本标准的引用而成为本标准的条款。凡是注日期的引用文件，其随后所有的修改单（不包括勘误的内容）或修订版均不适用于本标准，然而，鼓励根据本标准达成协议的各方研究是否可使用这些文件的最新版本。凡是不注日期的引用文件，其最新版本适用于本标准。

GB/T 191　包装储运图示标志

GB 2760—1996　食品添加剂使用卫生标准

GB/T 4789.2　食品卫生微生物学检验　菌落总数测定

GB/T 4789.3　食品卫生微生物学检验　大肠菌群测定

GB/T 4789.4　食品卫生微生物学检验　沙门氏菌检验

GB/T 4789.5　食品卫生微生物学检验　志贺氏菌检验

GB/T 4789.10　食品卫生微生物学检验　金黄色葡萄球菌检验

GB/T 4789.11　食品卫生微生物学检验　溶血性链球菌检验

GB/T 4789.15　食品卫生微生物学检验　酵母与霉菌计数

GB/T 4789.18　食品卫生微生物学检验　乳与乳制品检验

GB/T 5009.11　食品中总砷及无机砷的测定

GB/T 5009.12　食品中铅的测定

GB/T 5009.24　食品中黄曲霉毒素 M_1 和 B_1 的测定

GB/T 5413.1　婴幼儿配方食品和乳粉　蛋白质的测定

GB/T 5413.3　婴幼儿配方食品和乳粉　脂肪的测定

GB/T 5413.4　婴幼儿配方食品和乳粉　亚油酸的测定

GB/T 5413.5　婴幼儿配方食品和乳粉　乳糖、蔗糖和总糖的测定

GB/T 5413.8　婴幼儿配方食品和乳粉　水分的测定

GB/T 5413.28　乳粉　滴定酸度的测定

GB/T 5413.29　婴幼儿配方食品和乳粉　溶解性的测定

GB/T 5413.30　乳与乳粉　杂质度的测定

GB/T 5413.32　乳粉　硝酸盐、亚硝酸盐的测定

GB 7718　预包装食品标签通则

GB 14880—1994　食品营养强化剂使用卫生标准

GB 14881　食品企业通用卫生规范

定量包装商品计量监督管理办法

3　定义

本标准采用下列定义：

3.1　驴乳粉 donkey milk powder

以驴乳为原料，经浓缩、干燥加工制成的粉状产品。

3.2　调味驴乳粉 flavoured donkey milk powder

以驴乳为主料，添加调味料等辅料，经浓缩、干燥（或混干）制成的乳固体含量不低于80%的粉状产品。

4　技术要求

4.1　原料要求及卫生规范

4.1.1　原料：驴乳为健康母驴分娩15 d以后所分泌的乳汁。患乳房炎母驴所产的乳，初乳，含血液、脓液的乳及掺杂使假驴乳均不得用于生产。

4.1.2　食品添加剂：按GB 2760中的第3章和GB 2760第1号修改单的规定执行。

4.1.3　食品营养强化剂：按GB 14880中的第3章和GB 14880第1号修改单的规定执行。

4.1.4　卫生规范：生产过程中的卫生要求应符合GB 14881的规定。

4.2　感官特性

应符合表1的规定。

表1　感官特性

项目	驴乳粉	调味驴乳粉
色泽	呈均匀一致的乳白色或白色	具有调味驴乳粉应有的色泽
滋味和气味	具有纯正的驴乳特有的香味和甜味	具有调味驴乳粉应有的滋味和气味
组织状态	干燥、均匀的粉末	
冲调性	经搅拌可迅速溶解于水，不结块	

4.3　理化指标

4.3.1　净含量及净含量允许短缺量

应符合《定量包装商品计量监督管理办法》的要求。

4.3.2　蛋白质、脂肪、亚油酸、乳糖、复原乳酸度、水分、不溶度指数和杂质度应符合表2的规定。

表2 理化指标

项目		驴乳粉	调味驴乳粉
蛋白质/%	≥	15.0	12.5
脂肪/%	≥	8.0	6.5
亚油酸/%	≥	占脂肪酸总量的18.0	占脂肪酸总量的14.0
乳糖/%	≥	60.0	50.0
复原乳酸度/°T	≤	10.0	
水分/%	≤	5.0	
不溶度指数/mL	≤	1.0	
杂质度/（mg/kg）	≤	16.0	

4.4 卫生指标

应符合表3的规定。

表3 卫生指标

项目		驴乳粉	调味驴乳粉
无机砷/（mg/kg）	≤	0.25	
铅/（mg/kg）	≤	0.5	
硝酸盐（以 $NaNO_3$）/（mg/kg）	≤	100	
亚硝酸盐（以 $NaNO_2$ 计）/（mg/kg）	≤	2	
酵母和霉菌/（CFU/g）	≤	50	
黄曲霉毒素 M/（μg/kg）	≤	5.0	
菌落总数/（CFU/g）	≤	50 000	
大肠菌群/（MPN/100 g）	≤	90	
致病菌（指肠道致病菌和致病性球菌）		不得检出	

5 检验方法

5.1 感官检验

5.1.1 色泽和组织状态：打开试样外包装，在内部取适量试样，置于白色平盘中，在自然光下观察色泽和组织状态。

5.1.2 滋味和气味：在样品内部取适量试样置于平盘中，先闻气味，然后用温开水漱口，再品尝样品的滋味。

5.1.3　冲调性：取 11.2 g 试样放入盛有 100 mL 40℃水的 200 mL 烧杯中，用搅拌棒搅拌均匀后观察样品溶解状态。

5.2　理化检验

5.2.1　净含量：用感量为 1.0 g 的天平，称量单件定量包装产品的质量，再称量包装容器的质量，计算称量差。

5.2.2　蛋白质：按 GB/T 5413.1 检验。

5.2.3　脂肪：按 GB/T 5413.3 检验。

5.2.4　亚油酸：按 GB/T 5413.4 检验。

5.2.5　乳糖：按 GB/T 5413.5 检验。

5.2.6　复原乳酸度：按 GB/T 5413.28 检验。

5.2.7　水分：按 GB/T 5413.8 检验。

5.2.8　不溶度指数：按 GB/T 5413.29 检验。

5.2.9　杂质度：按 GB/T 5413.30 检验。

5.3　卫生指标

5.3.1　砷：按 GB/T 5009.11 检验

5.3.2　铅：按 GB/T 5009.12 检验。

5.3.3　硝酸盐、亚硝酸盐：按 GB/T 5413.32 检验。

5.3.4　酵母和霉菌：按 GB/T 4789.15 和 GB/T 4789.18 检验。

5.3.5　黄曲霉毒素 M：按 GB/T 5009.24 检验。

5.3.6　菌落总数：按 GB/T 4789.2 和 GB/T 4789.18 检验。

5.3.7　大肠菌群：按 GB/T 4789.3 和 GB/T 4789.18 检验。

5.3.8　致病菌：按 GB/T 4789.4、GB/T 4789.5、GB/T 4789.10、GB/T 4789.11、GB/T 4789.18 检验。

6　检验规则

6.1　组批

以同一班次，同一生产线生产的同品种、同规格且包装完好的产品为一组批。

6.2　抽样

在成品库自同批产品中随机抽取总量不低于 1 000 g 的样品检验。但抽样量不低于 200 个样品包装。

6.3　出厂检验

产品应经企业按本标准检验合格，签发合格证后可出厂。出厂检验项目为：感官、净含量、蛋白质、脂肪、乳糖、复原乳酸度、水分、不溶度指数、杂质度、菌落总数、大肠菌群。

6.4 型式检验

有下列情况之一时，应进行型式检验：

a）主要原料或工艺有变动时；

b）停产 6 个月以上恢复生产时；

c）质量监督机构提出要求时。

型式检验项目为本标准规定的所有项目。

6.5 判定规则

出厂检验及型式检验在其全部检验项目均符合指标要求时，判该批产品合格；对检验中的不符合项可自同一批中随机加倍取样进行复检，复检结果合格时，判该批产品合格，如不合格，判该批产品不合格。但微生物项目不得复检。

7 标签、包装、运输、贮存

7.1 标签

7.1.1 产品包装标签应符合 GB 7718 的规定。还应标明蛋白质、脂肪、脂肪酸和乳糖的含量。

7.1.2 产品名称可以标为"驴乳粉"或"××调味驴乳粉"。

7.1.3 产品的外包装箱标志应符合 GB/T 191 的规定。

7.2 包装

所有包装材料应符合食品卫生要求。

7.3 运输

运输产品时应避免日晒、雨淋。不得与有毒、有害、有异味或影响产品质量的物品混装运输。

7.4 贮存

产品应贮存在干燥、通风良好的场所。不得与有毒、有害、有异味、易挥发、易腐蚀的物品同处贮存。

【地方标准】

食品安全地方标准
巴氏杀菌驴乳

标准号：DBS 65/018—2023
发布日期：2023-06-20　　　　　　　　实施日期：2023-12-20
发布单位：新疆维吾尔自治区卫生健康委员会

前　言

本标准代替 DBS 65/018—2017《食品安全地方标准巴氏杀菌驴乳》。

本标准与 DBS 65/018—2017 相比，主要变化如下：

——删去规范性引用文件；

——修改了理化指标中脂肪指标；

——修改了污染物限量和真菌毒素限量；

——修改了微生物限量；

——删去生产过程中的卫生要求；

本标准由新疆维吾尔自治区卫生健康委员会提出。

本标准起草单位：乌鲁木齐市奶业协会、新疆畜牧科学院畜牧业质量标准研究所、乌鲁木齐市动物疾病控制与诊断中心。

参与修订单位（以拼音字母为顺序）：巴里坤金驴生物科技有限责任公司、青河县梦圆生物科技有限公司、新疆凌跃生物科技有限责任公司、新疆昆仑绿源食品开发有限责任公司、新疆花麒特乳奶业有限公司、新疆玉昆仑天然食品工程有限公司。

本标准主要起草人：何晓瑞、徐敏、王涛、谭东、申磊、周继萍、徐啸天、叶东东、李景芳、陆东林。

1　范围

本标准适用于全脂、脱脂和部分脱脂巴氏杀菌驴乳。

2　术语和定义

2.1　巴氏杀菌驴乳

仅以生驴乳为原料，经巴氏杀菌等工序制得的液体产品。

3 技术要求

3.1 生驴乳应符合 DBS 65/017 的规定。

3.2 感官要求

感官要求应符合表1的规定。

表1 感官要求

项目	要求	检验方法
色泽	呈乳白色或白色	取适量试样置于 50 mL 烧杯中，在自然光下观察色泽和组织状态。闻其气味，用温开水漱口，品尝滋味
滋味、气味	具有驴乳固有的香味和甜味，无异味	
组织状态	呈均匀一致液体，无凝块、无沉淀、无正常视力可见异物	

3.3 理化指标

理化指标应符合表2的规定。

表2 理化指标

项目		指标	检验方法
脂肪ᵃ/（g/100g）	≥	0.25	GB 5009.6
蛋白质/（g/100g）	≥	1.5	GB 5009.5
乳糖/（g/100g）	≥	5.6	GB 5413.5
非脂乳固体/（g/100g）	≥	7.8	GB 5413.39
酸度/°T	≤	6	GB 5009.239
ᵃ仅适用于全脂巴氏杀菌驴乳			

3.4 污染物限量和真菌毒素限量

3.4.1 污染物限量应符合 GB 2762 的规定。

3.4.2 真菌毒素限量应符合 GB 2761 的规定。

3.5 微生物限量

3.5.1 致病菌限量应符合 GB 29921 的规定。

3.5.2 微生物限量还应符合表3的规定。

表3　微生物限量

项目	采样方案及限量[a]				检验方法
	n	c	m	M	
菌落总数/（CFU/mL）	5	2	5.0×10^4	1.0×10^5	GB 4789.2
大肠菌群/（CFU/mL）	5	2	1	5	GB 4789.3
[a]样品的采样及处理按 GB 4789.1 和 GB 4789.18 执行					

4　其他

4.1　产品应标识"鲜驴奶"或"鲜驴乳"。

4.2　产品应标注乳糖含量。

【地方标准】

食品安全地方标准
生驴乳

标准号：DBS 65/017—2023
发布日期：2023-06-20　　　　　　　实施日期：2023-12-20
发布单位：新疆维吾尔自治区卫生健康委员会

前　言

本标准代替 DBS 65/017—2017《食品安全地方标准　生驴乳》。

本标准与 DBS 65/017—2017 相比，主要变化如下：

——删去规范性引用文件；

——修改了理化指标中脂肪和相对密度指标；

——修改了污染物限量和真菌毒素限量；

本标准由新疆维吾尔自治区卫生健康委员会提出。

本标准起草单位：乌鲁木齐市奶业协会、新疆畜牧科学院畜牧业质量标准研究所、乌鲁木齐市动物疾病控制与诊断中心、新疆玉昆仑天然食品工程有限公司、新疆花麒特乳奶业有限公司、巴里坤金驴生物科技有限责任公司。

参与修订单位（以拼音字母为序）：青河县梦圆生物科技有限公司、新疆凌跃生物科技有限责任公司、新疆昆仑绿源食品开发有限责任公司。

本标准主要起草人：徐敏、何晓瑞、刘莉、尹庆贺、王旭光、曹丽梦、操礼军、任皓、叶东东、李景芳、陆东林。

1　范围

本标准适用于生驴乳，不适用于即食生驴乳。

2　术语和定义

2.1　生驴乳

从正常饲养的、经检疫合格的无传染病和乳房炎的健康母驴乳房中挤出的无任何成分改变的常乳，产驹后 15 天内的乳、应用抗生素期间和休药期间的乳汁、变质乳不应用作生乳。

3　技术要求

3.1　感官要求

感官要求应符合表1的规定。

表1　感官要求

项目	要求	检验方法
色泽	呈乳白色或白色	取适量试样置于50 mL烧杯中，在自然光下观察色泽和组织状态，闻其气味，用温开水漱口，品尝滋味
滋味、气味	具有驴乳固有的香味和甜味，无异味	
组织状态	呈均匀一致液体，无凝块、无沉淀、无正常视力可见异物	

3.2　理化指标

理化指标应符合表2的规定。

表2　理化指标

项目		指标	检验方法
相对密度/（20℃/20℃）	≥	1.032	GB 5009.2
蛋白质/（g/100g）	≥	1.5	GB 5009.5
脂肪/（g/100g）	≥	0.25	GB 5009.6
乳糖/（g/100g）	≥	5.6	GB 5413.5
非脂乳固体/（g/100g）	≥	7.8	GB 5413.39
杂质度/（mg/kg）	≤	4.0	GB 5413.30
酸度/°T	≤	6	GB 5009.239

3.3　污染物限量和真菌毒素限量

3.3.1　污染物限量应符合GB 2762的规定。

3.3.2　真菌毒素限量应符合GB 2761的规定。

3.4　微生物限量

应符合表3的规定。

表3　微生物限量

项目		限量/（CFU/mL）	检验方法
菌落总数	≤	2×10^6	GB 4789.2

3.5 农药残留限量和兽药残留限量

3.5.1 农药残留量应符合 GB 2763 及国家有关规定和公告。

3.5.2 兽药残留量限量应符合 GB 31650 及国家有关规定和公告。

4 其他

4.1 奶畜养殖者对挤奶设施、生鲜乳贮存设施应当及时清洗、消毒，避免对生鲜乳造成污染，生鲜驴乳的挤奶、冷却、贮存、交收过程的卫生规范应符合 GB 12693、《乳品质量安全监督管理条例》《新疆维吾尔自治区奶业条例》的规定。

【地方标准】

食品安全地方标准
驴乳粉

标准号：DBS 65/019—2023
发布日期：2023-06-20　　　　　　　　实施日期：2023-12-20
发布单位：新疆维吾尔自治区卫生健康委员会

前　　言

本标准代替 DBS 65/019—2017《食品安全地方标准　驴乳粉》。

本标准与 DBS 65/019—2017 相比，主要变化如下：

——删去规范性引用文件；

——修改了术语和定义删去调制驴乳粉；

——修改了理化指标中脂肪指标及蛋白质、脂肪、乳糖、水分的单位；

——修改了污染物限量和真菌毒素限量；

——修改了微生物限量；

——删去生产过程中的卫生要求；

本标准由新疆维吾尔自治区卫生健康委员会提出。

本标准起草单位：乌鲁木齐市奶业协会、新疆畜牧科学院畜牧业质量标准研究所、乌鲁木齐市动物疾病控制与诊断中心、新疆玉昆仑天然食品工程有限公司、新疆花麒特乳奶业有限公司、巴里坤金驴生物科技有限责任公司。

参与修订单位（以拼音字母为序）：青河县梦圆生物科技有限公司、新疆凌跃生物科技有限责任公司、新疆昆仑绿源食品开发有限责任公司、新疆伊吾玉龙奶业有限公司。

本标准起草人：何晓瑞、徐敏、马卫平、远辉、王传兴、巴都马拉、蔡扩军、詹振宏、叶东东、李景芳、陆东林。

1　范围

本标准适用于全脂、脱脂、部分脱脂驴乳粉。

2　术语和定义

2.1　驴乳粉

仅以生驴乳为原料，经加工制成的粉状产品。

3 技术要求

3.1 原料要求

3.1.1 生驴乳应符合 DBS 65/017 的规定。

3.2 感官要求

感官要求应符合表 1 的规定。

表 1 感官要求

项目	要求	检验方法
色泽	呈均匀一致的乳白色或白色	取适量试样置于干燥、洁净的白色盘（瓷盘或同类容器）中，在自然光下观察色泽和组织状态，冲调后，嗅其气味，用温开水漱口，品尝滋味
滋味、气味	具有纯正的驴乳香味和甜味	
组织状态	干燥均匀的粉末	

3.3 理化指标

理化指标应符合表 2 的规定。

表 2 理化指标

项目		指标	检验方法
蛋白质/（g/100g）	≥	非脂乳固体[a] 的 18%	GB 5009.5
脂肪[b]/（g/100g）	≥	2.5	GB 5009.6
乳糖/（g/100g）	≥	56	GB 5413.5
复原乳酸度/°T	≤	6	GB 5009.239
杂质度/（mg/kg）	≤	16	GB 5413.30
水分/（g/100g）	≤	5.0	GB 5009.3
[a]非脂乳固体（%）=100（%）-脂肪（%）-水分（%） [b]仅适用于全脂驴乳粉			

3.4 污染物限量和真菌毒素限量

3.4.1 污染物限量应符合 GB 2762 的规定。

3.4.2 真菌毒素限量应符合 GB 2761 的规定。

3.5 微生物限量

3.5.1 致病菌限量应符合 GB 29921 的规定。

3.5.2 微生物限量还应符合表 3 的规定。

表3　微生物限量

项目	采样方案[a] 及限量				检验方法
	n	c	m	M	
菌落总数/（CFU/g）	5	2	$5.0×10^4$	$2.0×10^5$	GB 4789.2
大肠菌群/（CFU/g）	5	1	10	100	GB 4789.3
[a]样品的采样及处理按 GB4789.1 和 GB 4789.18 执行					

4　其他

4.1　产品应标识为"驴乳粉"或"驴奶粉"。

4.2　产品应标注乳糖含量。

【地方标准】

食品安全地方标准
调制驴乳粉

标准号：DBS 65/025—2023
发布日期：2023-06-20　　　　　　　　实施日期：2023-12-20
发布单位：新疆维吾尔自治区卫生健康委员会

前　言

本标准由新疆维吾尔自治区卫生健康委员会提出。

本标准起草单位：乌鲁木齐市奶业协会、新疆畜牧科学院畜牧业质量标准研究所、乌鲁木齐市动物疾病控制与诊断中心、新疆玉昆仑天然食品工程有限公司、新疆花麒特乳奶业有限公司、巴里坤金驴生物科技有限责任公司。

参与起草企业（以拼音字母为序）：青河县梦圆生物科技有限公司、新疆凌跃生物科技有限责任公司、新疆昆仑绿源食品开发有限责任公司。

本标准起草人：徐敏、何晓瑞、马卫平、朱晓玲、尹庆贺、操礼军、刘莉、姚焕洁、叶东东、李景芳、陆东林。

1　范围

本标准适用于调制驴乳粉。

2　术语和定义

2.1　调制驴乳粉

以生驴乳和（或）驴全乳（或脱脂及部分脱脂）加工制品为主要原料，添加其他原料（不包括其他畜种的生乳及乳制品、动植物源性蛋白和脂肪）、食品添加剂、营养强化剂中的一种或多种，经加工制成的粉状产品，其中驴乳固体含量不低于70%。

3　技术要求

3.1　原料要求

3.1.1　生驴乳应符合 DBS 65/017 的规定，驴乳粉应符合 DBS 65/019 的规定。

3.1.2　其他原料应符合相应的食品标准和有关规定。

3.2　感官要求

感官要求应符合表 1 的规定。

表 1　感官要求

项目	要求	检验方法
色泽	具有应有的色泽	取适量试样置于干燥、洁净的白色盘（瓷盘或同类容器）中，在自然光下观察色泽和组织状态，冲调后，嗅其气味，用温开水漱口，品尝滋味
滋味、气味	具有应有的滋味和气味	
组织状态	干燥均匀的粉末	

3.3　理化指标

理化指标应符合表 2 的规定。

表 2　理化指标

项目		指标	检验方法
蛋白质/（g/100g）	≥	11.0	GB 5009.5
乳糖/（g/100g）	≥	40	GB 5413.5
水分/（g/100g）	≤	5.0	GB 5009.3

3.4　污染物限量和真菌毒素限量

3.4.1　污染物限量应符合 GB 2762 的规定。

3.4.2　真菌毒素限量应符合 GB 2761 的规定。

3.5　微生物限量

3.5.1　致病菌限量应符合 GB 29921 的规定。

3.5.2　微生物限量还应符合表 3 的规定。

表 3　微生物限量

项目	采样方案[a] 及限量				检验方法
	n	c	m	M	
菌落总数[b]/（CFU/g）	5	2	5.0×10^4	2.0×10^5	GB 4789.2
大肠菌群/（CFU/g）	5	1	10	100	GB 4789.3

[a] 样品的采样及处理按 GB 4789.1 和 GB 4789.18 执行。
[b] 不适用于添加活性菌种（好氧和兼性厌氧）的产品（如添加活菌，产品中活菌数应 $\geq 10^6$CFU/g）。

3.6 食品添加剂和营养强化剂

3.6.1 食品添加剂的使用应符合 GB 2760 的规定。

3.6.2 食品营养强化剂的使用应符合 GB 14880 的规定。

4 其他

4.1 产品应标识"调制驴乳粉"或"调制驴奶粉"。

4.2 产品应标识乳糖的含量。

【团体标准】

发酵驴乳
Fermented donkey milk

标准号：T/CAAA 058—2021
发布日期：2021-05-28　　　　　　　　　实施日期：2021-07-15
发布单位：中国畜牧业协会

前　　言

本文件按照 GB/T 1.1—2020《标准化工作导则　第 1 部分：标准化文件的结构和起草规则》的规定起草。

请注意本文件的某些内容可能涉及专利。本文件的发布机构不承担识别专利的责任。

本文件由中国畜牧业协会提出并归口。

本文件起草单位：塔里木大学、乌鲁木齐市奶业协会、新疆乳品质量安全检测中心、内蒙古农业大学、新疆畜牧科学院、聊城大学、新疆昆仑绿源农业科技发展（集团）有限责任公司、新疆玉昆仑天然食品工程有限公司、东胶阿胶股份有限公司、内蒙古草原御驴科技牧业有限公司、宁夏德泽农业产业投资开发有限公司、青河梦圆生物科技有限公司、桑阳实业（北京）集团有限公司。

本文件主要起草人：周小玲、许倩、何晓瑞、李景芳、闫素梅、肖海霞、王长法、刘桂芹、肖刚、周玉贵、王延涛、白晋宇、郝旭、于治成、赵飞。

1　范围

本文件规定了发酵驴乳要求、卫生和标识。

本文件适用于全脂、脱脂和部分脱脂发酵驴乳和风味发酵驴乳。

2　规范性引用文件

下列文件中的内容通过文中的规范性引用而构成本文件必不可少的条款。其中，注日期的引用文件，仅该日期对应的版本适用于本文件；不注日期的引用文件，其最新版本（包括所有的修改单）适用于本文件。

GB 2760　食品安全国家标准　食品添加剂使用标准

GB 2761　食品安全国家标准　食品中真菌毒素限量

GB 2762　食品安全国家标准　食品中污染物限量

GB 2763　食品安全国家标准　食品中农药最大残留限量

GB 4789.1　食品安全国家标准　食品微生物学检验　总则

GB 4789.3　食品安全国家标准　食品微生物学检验　大肠菌群计数

GB 4789.4　食品安全国家标准　食品微生物学检验　沙门氏菌检验

GB 4789.10　食品安全国家标准　食品微生物学检验　金黄色葡萄球菌检验

GB 4789.15　食品安全国家标准　食品微生物学检验　霉菌和酵母计数

GB 4789.18　食品安全国家标准　食品微生物学检验　乳与乳制品检验

GB 4789.35　食品安全国家标准　食品微生物学检验　乳酸菌检验

GB 5009.5　食品安全国家标准　食品中蛋白质的测定

GB 5009.6　食品安全国家标准　食品中脂肪的测定

GB 5009.239　食品安全国家标准　食品酸度的测定

GB 5413.39　食品安全国家标准　乳和乳制品中非脂乳固体的测定

GB 7718　食品安全国家标准　预包装食品标签通则

GB 12693　食品安全国家标准　乳制品良好生产规范

GB 14880　食品安全国家标准　食品营养强化剂使用标准

GB 19644　食品安全国家标准　乳粉

GB 28050　食品安全国家标准　预包装食品营养标签通则

GB 31650　食品安全国家标准　食品中兽药最大残留限量

T/CAAA 057—2021　生驴乳

3　术语和定义

下列术语和定义适用于本文件。

3.1　发酵驴乳 fermented donkey milk

以生驴乳、复原驴乳/奶或驴乳粉为原料，经杀菌、发酵后制成的 pH 值降低的产品。

3.2　酸驴乳 donkey/milk yoghourt

以生驴乳、复原驴乳/奶或驴乳粉为原料，经杀菌、接种嗜热链球菌和保加利亚乳杆菌（德氏乳杆菌保加利亚亚种）或其他由国务院卫生行政部门批准使用的菌种发酵后制成的 pH 值降低的产品。

3.3　风味发酵驴乳 flavored fermented donkey

以不低于80%生驴乳、复原驴乳/奶或驴乳粉为原料，添加其他原料，经杀菌、发酵后制成的 pH 值降低的产品。发酵前后可添加食品添加剂、营养强化剂、果蔬、谷物等制品。

3.4　风味酸驴乳 flavored donkey yoghurt

以不低于 80% 生驴乳、复原驴乳/奶或驴乳粉为主要原料，添加其他原料，经杀菌、接种嗜热链球菌和保加利亚乳杆菌（德氏乳杆菌保加利亚亚种）或其他由国务院卫生行政部门批准使用的菌种发酵后制成的 pH 值降低的发酵驴乳产品。发酵前后可添加食品添加剂、营养强化剂、果蔬、谷物等制品。

4　要求

4.1　原料要求

4.1.1　生驴乳

应符合 T/CAAA 057—2021 的要求。

4.1.2　驴乳粉

应从卫生、健康驴乳房中挤出的常乳并经加工制成的粉状产品，且不添加食品添加剂和未从其中提取任何成分。

4.1.3　复原驴乳/奶

以驴乳粉为原料，经复原而得，无食品添加剂且未从其中提取任何成分。

4.1.4　其他原料

应符合相应安全标准和/或有关规定。

4.1.5　发酵菌种

保加利亚乳杆菌（德氏乳杆菌保加利亚亚种）、嗜热链球菌或其他由国务院卫生行政部门批准使用的可用于乳品发酵的菌种。

4.2　感官要求

应符合表 1 的要求。

表 1　感官要求

项目	要求		检验方法
	发酵驴乳	风味发酵驴乳	
色泽	色泽均匀一致，呈乳白色	具有与添加成分相符的色泽	取适量样品置于 50 mL 烧杯中，在自然光下观察色泽和组织状态，闻其气味，用温开水漱口，品尝滋味
滋味、气味	具有发酵驴乳特有的滋味和气味	具有与添加成分相符的滋味和气味	
组织状态	组织细腻、均匀，允许有乳清析出和乳蛋白沉淀分层现象。风味发酵驴乳具有添加成分特有的组织状态		

4.3 理化指标

应符合表 2 的要求。

表 2 理化指标

项目		指标		检验方法
		发酵驴乳	风味发酵驴乳	
脂肪/（g/100 g）	≥	0.2	0.16	GB 5009.6
蛋白质/（g/100 g）	≥	1.5	1.2	GB 5009.5
非脂乳固体/（g/100 g）	≥	7.8	6.2	GB 5413.39
酸度/°T	≥	50	65	GB 5009.239
注：理化指标以鲜样为基础				

4.4 污染物限量

应符合 GB 2762 的要求。

4.5 真菌毒素限量

应符合 GB 2761 的要求。

4.6 农药残留限量和兽药残留限量

农药残留应符合 GB 2763 的要求。兽药残留量应符合 GB 31650 的要求。

4.7 微生物限量

应符合表 3 的要求。

表 3 微生物限量

项目	采样方案[a] 及限量				检验方法
	n	c	m	M	
大肠菌群	5	2	1	5	GB 4789.3 平板计数法
金黄色葡萄球菌	5	0	0/25 g（mL）	—	GB 4789.10 定性试验
沙门氏菌	5	0	0/25 g（mL）	—	GB 4789.4
酵母 ≤	100				GB 4789.15
霉菌 ≤	30				

注 1：[a] 样品的分析及处理应按 GB 4789.1 和 GB 4789.18 的规定执行。
注 2：采样方案[a] 及限量若非指定，均以 CFU/g 或 CFU/mL 表示。

4.8 乳酸菌数

应符合表 4 的要求。

表 4 乳酸菌数

项目	限量/ ［CFU/g（mL）］	检验方法
乳酸菌数[a] ≥	1×10^6	GB 4789.35
[a] 发酵后经热处理的产品对乳酸菌数不作要求		

4.9 食品添加剂和营养强化剂

应符合 GB 2760 和 GB 14880 的要求。

5 卫生

应符合 GB 12693 的要求。

6 标识

6.1 产品标签标示应符合 GB 7718 和 GB 28050 的要求及国家质量监督检验检疫总局令第 123 号关于修改《食品标识管理规定》的决定，标示产品运输和储存的温度。

6.2 未杀菌（活菌）型产品应标明乳酸菌活菌数，发酵后经热处理的产品应标识"××热处理发酵驴乳/奶""××热处理风味发酵驴乳/奶""××热处理风味发酵驴乳/奶""××热处理酸驴乳/奶"或"××热处理风味酸驴乳/奶"。

6.3 全部用驴乳粉生产的产品应在产品名称紧邻部位标明"复原驴乳"或"复原驴奶"。在生驴乳中添加部分驴乳粉生产的产品应在产品名称紧邻部位标明"含××%复原驴乳"或"含××%复原驴奶"。

注："××%"是指所添加驴乳粉占产品中全乳固体的质量分数。

6.4 "复原驴乳"或"复原驴奶"产品名称应标识在包装容器的同一主要展示版面。标识的"复原驴乳"或"复原驴奶"字样应醒目，其字号不应小于产品名称的字号，字体高度不应小于主要展示版面高度的五分之一。

第五章　新疆驴乳生产技术规范

【地方标准】

乳用驴生产性能测定技术规程
Technical specification of dairy donkey production performance test

标准号：DB65/T 4496—2022

发布日期：2022-05-09　　　　　　　　实施日期：2022-07-01

发布单位：新疆维吾尔自治区质量技术监督局

前　　言

本文件按照 GB/T 1.1—2020《标准化工作导则　第 1 部分：标准化文件的结构和起草规则》的规定起草。

本文件由新疆畜牧科学院提出。

本文件由新疆维吾尔自治区畜牧兽医局归口并组织实施。

本文件起草单位：新疆畜牧科学院畜牧业质量标准研究所（奶业研究所）、新疆畜牧科学院畜牧研究所、新疆农业大学、库车裕万家畜禽养殖农民专业合作社、新疆玉昆仑天然食品工程有限公司、新疆昆仑绿源驴业养殖科技有限责任公司。

本文件主要起草人：祖农江·阿布拉、胡永青、巴哈迪力·巴图尔、操礼军、刘莉、李永青、托乎提·阿及德、开赛尔·艾斯卡尔、马晓燕、梁春明、贾娜、王姗姗、古丽热·吾甫尔、郝建东、税正勇、田方、贺林同、尹庆贺。

本文件实施应用中的疑问，请咨询新疆维吾尔自治区畜牧兽医局、新疆畜牧科学院畜牧业质量标准　研究所（奶业研究所）、新疆农业大学、新疆玉昆仑天然食品工程有限公司、新疆昆仑绿源驴业养殖科技有限责任公司、库车裕万家畜禽养殖农民专业合作社。

对本文件的修改意见建议，请反馈至新疆维吾尔自治区畜牧兽医局（乌鲁木齐市新华南路 408 号）、新疆畜牧科学院奶业研究所（乌鲁木齐市南湖西路北一巷 25 号）、新疆农业大学（乌鲁木齐市农大东路 311 号）、新疆维吾尔自治区市场监督管理局（乌鲁木齐市新华南路 167 号）。

新疆维吾尔自治区畜牧兽医局　联系电话：0991－8568089；传真：0991－8527722；邮编：830004

新疆畜牧科学院奶业研究所　联系电话：0991－4694233；传真：0991－4694233；邮编：830063

新疆农业大学　联系电话：0991－8763922；传真：0991－8762329；邮编：830052

新疆维吾尔自治区市场监督管理局　联系电话：0991－2818750；传真：0991－2311250；邮编：830004

1　范围

本文件规定了乳用驴生产性能测定的术语和定义、测定项目、测定对象、测定方法、数据的处理、报告的制作、解读与应用的要求。

本文件适用于新疆维吾尔自治区区域内乳用驴生产性能测定。

2　规范性引用文件

下列文件中的内容通过文中的规范性引用而构成本文件必不可少的条款。其中，注日期的引用文件，仅该日期对应的版本适用于本文件；不注日期的引用文件，其最新版本（包括所有的修改单）适用于本文件。

下列文件中的内容通过文中的规范性引用而构成本文件必不可少的条款。其中，注日期的引用文件，仅该日期对应的版本适用于本文件；不注日期的引用文件，其最新版本（包括所有的修改单）适用于本文件。

GB/T 5009.5　食品安全国家标准　食品中蛋白质的测定

GB 5009.6　食品安全国家标准　食品中脂肪的测定

GB/T 5009.8　食品安全国家标准　食品中果糖、葡萄糖、蔗糖、麦芽糖、乳糖的测定

GB 5413.38　食品安全国家标准　生乳冰点的测定

GB 20425　皂素工业水污染物排放标准

NY/T 800　生鲜牛乳中体细胞测定方法

T/CAAA 048　驴生产性能测定技术规范

3 术语和定义

下列术语和定义适用于本文件。

3.1 生产性能测定 production perfornance test

对乳用驴个体生长、繁殖及乳用性能等经济性状的表型值进行评定的过程。

3.2 胎次 parity

乳用驴已产驹的次数。

4 测定项目

4.1 生长性能

包括体重、体高、体斜长、胸围、胸宽、胸深、尻长、尻宽、管围等参数，应按照 T/CAAA 048 的要求测定。

4.2 繁殖性能

4.2.1 适配年龄

30~36 月龄。

4.2.2 受胎率

一年配种期内，受胎母驴数占受配母驴数的百分比。

4.2.3 成活率

成活驴驹数占出生驴驹数的百分比。

4.3 乳用性能

4.3.1 泌乳期

母驴分娩到干奶期开始的时间，150~240 d。

4.3.2 产奶量

在 1 个泌乳期的产奶量，计算见公式（1）：

$$M = \frac{m \times 24}{T} \times D \tag{1}$$

式中：

M——产奶量，单位为千克（kg）；

m——日挤奶量，单位为千克（kg）；

T——驹驴隔离时间，单位为小时（h）；

D——泌乳天数，单位为天（d）。

4.3.3　日产奶量

泌乳驴测定 24 h 的挤奶量，不含驴驹采食部分，单位为 kg。

4.3.4　乳质量

包括乳蛋白率、乳脂率、乳糖、非脂乳固体、总固体、体细胞、冰点、尿素氮等。

5　测定对象

测定对象为泌乳期内日产奶量≥1 kg，泌乳期≥150 d 的驴。

6　测定方法

6.1　基础数据准备

基础数据资料应按照初次参测驴只档案明细表（参见附录 A 中表 A.1）和采样记录表（参见附录 A 中表 A.2）填写，统一报送。记录可为纸质版或电子版。

6.2　采样

乳样采集应是个体驴 1 个测定日 24 h 内早、晚 2 次的混合样；2 次采样量应按照 6∶4 进行混合倒入采样瓶中，充分混匀；每份样品量≥40 mL。

泌乳期内每月采样 1 次，采样间隔 28~30 d，1 个泌乳期采样次数应≥5 次。

6.3　样品保存与运输

采样前应在采样瓶中加入专用防腐剂，样品采集后要求详细记录，并做唯一性标识。在（4±1）℃条件下冷藏保存，72 h 内送到乳品实验室测定。

6.4　样品的接收

样品接收时采样记录表和各类资料表格应齐全，奶样无损坏。若奶样变质、奶样量<30 mL 或打翻>10%，应重新采样、送样。

6.5　乳质量的测定

6.5.1　乳蛋白率应符合 GB/T 5009.5 的规定。

6.5.2　乳脂率应符合 GB 5009.6 的规定。

6.5.3　乳糖应符合 GB/T 5009.8 的规定。

6.5.4　冰点应符合 GB 5413.38 的规定。

6.5.5　体细胞数应符合 NY/T 800 的规定。

6.5.6　尿素氮应符合红外光谱仪测定方法的规定。

6.6　可疑乳样的范围

乳脂率>2% 或<0.1%；乳蛋白率>3% 或<0.8%；乳糖率>9% 或<3.5%；

体细胞数 <10 000 个/mL。

6.7 可疑乳样的处理

遇到可疑乳样应重新测定。重测时，乳脂率、乳蛋白率、乳糖率和尿素氮含量 2 次测定结果之差<0.04%，选用第 1 个结果；若>0.04%，应继续重测，在 3 个结果中选出 2 个较接近的，然后用上述方法选出结果，在几次测定结果中，若任意 2 个结果之差>0.1%，此乳样应弃置，需重新采样。

6.8 乳样的弃置

乳样弃置应在处理完可疑样品后，且电脑接收的数据与实际测定数据一致的情况下才可进行（需留样的不应弃置）。拟弃置的乳样及废液应经无害化处理后排入排水系统，并应符合 GB 20425 的规定。

7 数据的处理

每个参测驴场的数据应保存在系统指定文件夹中，不应更改测定的原始数据，将各个数据文件通过生产性能测定数据处理分析软件导入数据库中，每个参测场的测定结果应打印存档并保存 5 年。每周做 1 次数据库备份并由专人保管。

8 报告的制作、解读与应用

乳样测定完成后，应汇总参测场基础数据报表、乳成分测定记录、体细胞测定记录等（参见附录 A 中表 A.3～表 A.8），导入生产性能测定数据处理分析软件形成生产性能测定分析报告，送达参测场。向参测场解读生产性能测定分析报告，指导参测场开展配种繁殖、饲养管理、乳房保健及疾病防治等方面工作。

附录 A
（资料性）
生产性能测定表

乳样和参测驴场资料报表应同时送抵检测中心，报表内容见表 A.1 ~ 表 A.8。

表 A.1　生长性能记录表

养殖场名称：　　　　　　　　　　　　　　　　　　　登记日期：

序号	驴号	性别	月龄	体重	体高	体斜长	胸围	胸宽	胸深	尻长	尻宽	管围

表 A.2　采样记录表

养殖场名称：　　　　　　　　　　　　　　　　　　　采样日期：

序号	驴号	产驹日期	胎次	日产奶量	体膘	采样人	联系电话

表 A.3　驴只测定明细表

测定场编号：　　　　　　　　　　　　　　　　　　　登记日期：

序号	驴号	胎次	日产奶量	乳脂率	乳蛋白率	乳糖	非脂乳固体	总固体	体细胞	冰点	尿素氮

表 A.4　初次参测驴只档案明细表

测定场编号：　　　　　　　　　　　　　　　　　　　登记日期：

序号	驴号	驴舍号	胎次	上次产驹日期	本次产驹日期	出生日期	父号	母号	祖母号	祖父号	外祖母号	外祖父号

表 A.5 驴场参测头胎驴只明细表

测定场编号：   采样日期：

序号	驴号	初配日期	配妊日期	配种次数	与配公驴	产驹日期	出生日期	父亲	母亲	备注

表 A.6 驴场参测经产驴只明细表

测定场编号：   采样日期：

序号	驴号	胎次	初配日期	配妊日期	配种次数	与配公驴	产驹日期	产驹类型	备注

表 A.7 驴场参测干奶驴只明细表

测定场编号：   采样日期：

序号	驴号	胎次	干奶日期	备注

表 A.8 驴场参测淘汰驴只明细表

测定场编号：   采样日期：

序号	驴号	胎次	离场日期	备注

【地方标准】

母驴泌乳期饲养管理技术规范
Feeding and management technical regulations of donkey during lactating stage

标准号：DB65/T 4507—2022
发布日期：2022-05-09　　　　　　　　实施日期：2022-07-01
发布单位：新疆维吾尔自治区质量技术监督局

前　　言

本文件按照 GB/T 1.1—2020《标准化工作导则　第 1 部分：标准化文件的结构和起草规则》的规定起草。

本文件由塔里木大学提出。

本文件由新疆维吾尔自治区畜牧兽医局归口并组织实施。

本文件起草单位：塔里木大学、青河县梦圆生物科技有限公司、库车裕万家畜禽养殖农民专业合作社、中国科学院亚热带农业生态研究所、青海大学、新疆维吾尔自治区畜牧兽医局、青岛农业大学、新疆维吾尔自治区纤维质量检测中心。

本文件主要起草人：周小玲、王时伟、何良军、方雷、刘利林、于治成、郝建东、颜琼娴、郝力壮、艾孜子江·阿不里克木、孙玉江、张明。

本文件实施应用中的疑问，请咨询塔里木大学。

对本文件的修改意见建议，请反馈至塔里木大学（新疆阿拉尔市虹桥南路 705 号）、新疆维吾尔自治区畜牧兽医局（乌鲁木齐市天山区新华南路 408 号）、新疆生产建设兵团畜牧兽医工作总站（乌鲁木齐市五星北路东 2 巷 225 号）、新疆维吾尔自治区市场监督管理局（乌鲁木齐市新华南路 167 号）。

塔里木大学　　联系电话：0997-4680332；传真 0997-4680332；邮编：843300

新疆维吾尔自治区畜牧兽医局　　联系电话：0991-8568089；传真：0991-8527722；邮编：830004

新疆生产建设兵团畜牧兽医工作总站　　联系电话：0991-4641759；传真：

0991-4641759；邮编：830021

新疆维吾尔自治区市场监督管理局　联系电话：0991-2818750；传真：0991-2311250；邮编：830002

1　范围

本文件规定了母驴泌乳期饲养管理的术语和定义、引进和运输、卫生和保健、饲养管理、挤奶要求和管理、档案记录和管理等内容。

本文件适用于饲养母驴的散养户、专业养殖户、规模化养殖场和养殖小区。

2　规范性引用文件

下列文件中的内容通过文中的规范性引用而构成本文件必不可少的条款。其中，注日期的引用文件，仅该日期对应的版本适用于本文件；不注日期的引用文件，其最新版本（包括所有的修改单）适用于本文件。

GB 13078　饲料卫生标准

GB/T 16568　奶牛场卫生规范

NY/T 1167　畜禽场环境质量及卫生控制规范

NY/T 3075　畜禽养殖场消毒技术

NY 5027　无公害食品畜禽饮用水水质

畜禽标识和养殖档案管理办法　农业农村部第 67 号令

饲料原料目录　农业农村部第 1773 号公告

饲料添加剂品种目录（2013）农业农村部第 2045 号公告

饲料原料目录　修订农业部公告第 2038 号公告

饲料添加剂安全使用规范　农业农村部第 2625 号公告

动物检疫管理办法　农业农村部令 2010 年第 6 号

动物防疫条件审查办法　农业农村部令 2010 年第 6 号

3　术语和定义

下列术语和定义适用于本文件。

3.1　泌乳期 lactating stage

健康母驴分娩产驹后，从开始泌乳之日到停止泌乳之间的生理时期。

3.2　挤奶量 milking yield

在保证驴驹与母驴每日同栏时间 ≥ 10 h 条件下，母驴每日可挤出的乳汁量。

3.3　精粗比 ratio of concentrate to roughage

以风干物质基础计，日粮中精料饲喂量与粗料饲喂量的比值。

3.4　干物质采食量 dry matter intake

以风干物质基础计，动物每日摄入各类饲草料的总量。

4　引进和运输

4.1　应符合《动物检疫管理办法》的要求，引进经检疫合格的母驴，按要求隔离并经核查无疫病后转入生产区。

4.2　母驴在运输过程中应符合国家和新疆维吾尔自治区相关畜禽运输规定，减少运输应激和提高动物福利。

5　卫生和保健

5.1　环境卫生

5.1.1　畜禽养殖场的消毒应符合 NY/T 3075 的规定，场区环境控制应符合 NY/T 1167 和《动物防疫条件审查办法》的规定。

5.1.2　驴舍垫料定期消毒和更换。

5.1.3　场区内应有病死畜无害化处理设施设备。

5.2　工作人员卫生

5.2.1　场内工作人员应按照 GB/T 16568 的规定，进行健康检查并取得合格证后上岗。

5.2.2　饲养员应穿戴工作服进场；挤奶员手部具开放性创伤、伤口未愈前不应挤奶。

5.3　饲料卫生

5.3.1　饲草料和饲料添加剂的卫生、选购和使用应符合 GB 13078、《饲料原料目录》《饲料添加剂品种目录（2013）》《饲料原料目录》修订意见、《饲料添加剂安全使用规范》的规定。

5.3.2　饲草料应储存于阴凉、干燥、无污染源的仓库。不应从疫区调运饲草料。

5.4　蹄保健

5.4.1　保持圈舍和运动场地面平整、无尖锐物。

5.4.2　定期用 4% 硫酸铜或 5% 福尔马林溶液浴蹄，夏、秋季推荐 15~20 d 浴蹄 1 次，冬春可延长为 30~45 d 浴蹄 1 次。

5.4.3　每个季度对全群肢蹄普查 1 次，进行修蹄、清除趾（指）间污物。

5.4.4　不应用有肢蹄遗传缺陷的公驴配种。

6 饲养管理

6.1 原则

6.1.1 饲草饲喂前应铡短（<5 cm），块根、块茎类饲料需切块。日粮组成多样化，精粗搭配要合理。

6.1.2 按泌乳阶段、体重、挤奶量、强弱分群饲养管理。

6.1.3 按营养需要量配制日粮，分次饲喂，不堆槽、不空槽，不喂冰冻饲草料。每日定时观察驴群健康状况，发现问题及时处理。

6.1.4 畜禽饮用水水质应符合 NY 5027 的规定。

6.2 饲养标准

6.2.1 母驴分阶段营养需要量见附录 A。

6.2.2 母驴分阶段精粗比和饲喂量见附录 B。

6.3 不同泌乳阶段的饲养管理

6.3.1 泌乳前期（产后第 1 个月）

6.3.1.1 分娩并排出胎衣后，立即饮用 35~40℃的麸皮盐水（配比为：麸皮 100 g，盐 10 g，水 1 kg）。

6.3.1.2 清除幼驹鼻内黏液、断脐和消毒，应使幼驹在出生 2 h 内吃到初乳。

6.3.1.3 分娩后 1~3 d，每天饲喂精料 0.5~1 kg、干苜蓿 1 kg、秸秆或青贮玉米 1 kg，提供块根块茎或糟渣类饲料 0.5 kg。

6.3.1.4 产后 4 d 起逐步增加精料和粗料喂量，至产后第 10 d 达到正常喂量标准。推荐精粗比 4:6。

6.3.1.5 产后 7~10 d，注意观察母驴发情，及时配种。

6.3.1.6 产后 15 d 内不应挤奶，全部用于驴驹哺乳。第 15 d 起，母驴与驴驹隔离 3~5 h 后训练挤奶，每日挤奶 1~2 次，保证驴驹与母驴每日同栏时间≥16 h，驴驹可开始饲喂固体饲料。

6.3.2 泌乳中期（产后第 2~4 个月）

6.3.2.1 根据挤奶量分为高产群（>1.5 kg/d）、中产群（1.0~1.5 kg/d）和低产群（<1.0 kg/d）管理。

6.3.2.2 根据挤奶量和体重，按照附录 A 和附录 B 调整饲料配方，增加精料喂量，但精料喂量应低于日粮干物质采食量的 60%，优质苜蓿干草或青绿饲草喂量≥1 kg/d，推荐饲料精粗比 5:5。

6.3.2.3 挤奶量>2 kg/d 的母驴应补充高能油脂。

6.3.2.4 每日挤奶 2~4 次，挤奶间隔 3~5 h，驴驹与母驴每日同栏时间≥10 h。

6.3.3　泌乳后期（产后 5 个月以上）

6.3.3.1　泌乳但未怀孕的母驴，参考附录 A 和附录 B 推荐量饲喂，推荐精粗比 4∶6。

6.3.3.2　泌乳且处于妊娠中期的母驴（妊娠 5~8 个月），日增重应达 0.05~0.15 kg，推荐精粗比 4∶6，根据日增重增减精料。

6.3.3.3　挤奶量<0.8 kg/d 时，停止挤乳，准备干奶，驴驹断奶，推荐精粗比 3∶7。

6.3.3.4　母驴处于妊娠后期时（>8 个月），日增重应达 0.15~0.25 kg，精粗比 4∶6，根据日增重增减精料。

7　挤奶要求和管理

7.1　挤奶要求

7.1.1　挤奶区保持整洁，定期消毒，防控蝇虫滋生。

7.1.2　挤奶用具、盛奶器皿、贮奶设备及挤奶机在使用前、后彻底清洗、消毒。

7.2　挤奶管理

7.2.1　挤奶量≥2.0 kg/d 的驴，隔 3~4 h 挤奶 1 次，每日挤奶 3~4 次；挤奶量<2.0 kg/d 的驴，隔 4~5 h 挤奶 1 次，每日挤奶 2~3 次。

7.2.2　挤奶环境保持安静，态度温和，动作轻柔。

7.2.3　挤奶前，用 40~45℃温水清洗乳房，并用干净毛巾或一次性纸巾擦干，乳头不应涂布润滑油脂。

7.2.4　检查乳房有无肿块、外伤等异常。挤弃前 3 把奶，观察是否有凝块等异常乳。如有异常，应停止挤奶。

7.2.5　病驴、患乳房炎的驴、使用抗生素后未过休药期的驴，不应上机挤奶，应转入手工挤奶，并将挤出的奶单独存放，另行处理。

7.2.6　挤奶后，用乳头药浴液对乳头逐个进行药浴消毒，覆盖整个乳头 2/3 以上，涂布润滑油脂。

8　档案记录和管理

根据《畜禽标识和养殖档案管理办法》的规定，建立养殖档案记录和管理制度。

附录 A

（资料性）

分阶段营养需要量推荐标准

A.1 泌乳期分阶段营养量推荐标准见表 A.1，除体重外，以风干物质基础计。

表 A.1 营养量推荐表

泌乳期	体重/ kg	采食量/ （体重%）	消化能/ （MJ/kg）	粗蛋白质/ %	钙/ %	磷/ %
泌乳前期	200	3.0~4.0	10.5	12.0	0.45	0.30
泌乳中期	200	3.0~4.0	12.0	12.5	0.50	0.35
泌乳后期	200	3.0~4.0	9.5	11.0	0.40	0.25

附录 B

（资料性）

分阶段精粗比和饲喂量

B.1 泌乳期精粗比和饲喂量标准见表 B.1，除体重外，以风干物质基础计。

表 B.1 精粗比和饲喂量表

泌乳期	体重/ kg	精粗比	饲喂量/ kg	精料喂量/ kg	粗料喂量/ kg
泌乳前期	200	（35~40）：（60~65）	7.0	2.8	4.2
泌乳中期	200	（45~55）：（55~45）	7.0	3.5	3.5
泌乳后期	200	（30~40）：（60~70）	7.0	2.8	4.2

【地方标准】

新疆驴饲养管理规程
Raising and managment standard of xinjiang donkey

标准号：DB65/T 2794—2007

发布日期：2007-09-30　　　　　　　　　　实施日期：2007-11-01

发布单位：新疆维吾尔自治区质量技术监督局

前　　言

本标准根据 GB/T 1.1—2000《标准化工作导则　第 1 部分：标准的结构和编写规则》相关要求制定。

本标准由新疆维吾尔自治区畜牧厅提出。

本标准由新疆维吾尔自治区畜牧厅归口。

本标准由新疆畜牧科学院农业部一新疆种羊及羊毛羊绒质检中心、新疆畜牧科学院畜牧研究所起草。

本标准主要起草人：郑文新，托乎提·阿及德，高维明，路立里，热西旦，肖海霞，曹克涛，辛凌翔，周卫东，王建忠。

1　范围

本标准规定了新疆种公驴、繁殖母驴（包括空怀母驴、妊娠母驴、哺乳母驴）管理、幼驹管理、舍饲管理等技术要求。

本标准适合于新疆驴的养殖管理。

2　种公驴饲养管理规范

种公驴应保持种用体况，不能过肥或过瘦，具有旺盛的性欲和量多质优的精液。一般分为 4 个时期。

2.1　准备期

配种前 1~2 个月为准备期，在此期间应对种公驴增加营养，减少体力消耗。

2.1.1　饲养

逐渐增加精料的饲喂量，减少粗饲料的比例，精料应偏重于蛋白质和维生素饲料。配种前 3 周完全转入配种期饲养。

2.1.2 管理

根据历年配种成绩、膘情及精液品质等评定其配种能力，以安排本年度配种计划。对每头种公驴都应进行详细的精液品质检查。每次检查应连续 3 次，每次间隔 24 h。如发现不合格者，应查清原因，在积极改进饲养管理基础上，过 12~15 d 再检查 1 次，直到合格为止。

2.2 配种期

配种期种公驴一直处于性活动紧张状态，必须保持饲养管理的稳定性，不可随意改变日粮和运动时间。

2.2.1 饲养

配种前三周种公驴的粗饲料宜用优质的禾本科和豆科牧草占 1/3~1/2 的干草混合饲喂。亦用青苜蓿或其他青绿多汁饲料等。在配种期，食盐、石粉等矿物质饲料是必不可少的，对于配种任务大的种公驴还应喂给牛奶、鸡蛋或肉骨粉等。一般大型种公驴在配种期每天应采食优质混合干草 3.5~4.0 kg，精饲料 2.3~3.5 kg，其中豆类不少于 24%~30%。

2.2.2 管理

尽量让种公驴在圈舍外自由活动，接受日光浴。要注意运动平衡，不能忽重忽轻，运动时间应每天不少于 1.5~2 h。配种和采精前后 1 h 应避免强烈运动。配种后应牵遛 20 min。此外还要注意观察生殖器官的健康状况。配种（采精）做到定时。每天以 1 次为限，如特殊情况一天配种（采精）2 次，每次间隔时间应不少于 8 h。连续配种（采精）5~6 d 应休息 1 d。喂饮后半小时之内不宜进行配种（采精）。

2.3 体况恢复期

此期主要恢复种公驴的体力，一般需要 1~2 个月。

2.3.1 饲养

在增加青饲料的情况下，精料量可减至配种期的一半，少给蛋白质丰富的饲料如豆饼类等，多给易消化的饲料。

2.3.2 管理

应适当减少运动量和强度。

2.4 锻炼期

锻炼期一般为秋末、冬初，此时应加强运动，为来年配种打好基础。

2.4.1 饲养

精料量比恢复期增加，以能量饲料为主。

2.4.2 管理

以加强锻炼为主，逐渐增加运动时间。

2.4.3　刷拭驴体

用扫帚或铁刷刷拭，每天 2 次。刷拭应按由上到下，由前往后的顺序进行。

2.4.4　蹄的护理

保持蹄的清洁。每半年可修蹄一次。

3　繁殖母驴的饲养管理规范

3.1　空怀母驴的饲养管理

3.1.1　饲养

应在当年配种前 1~2 个月提高饲养水平，喂给足量的蛋白质、矿物质和维生素饲料；对于过肥的母驴应适当减少精料，增加优质干草和多汁饲料。

3.1.2　管理

适当减轻役用强度，加强运动，使母驴保持中等膘情。配种前 1 个月，应对空怀母驴进行检查，发现有生殖疾病者要及时治疗。

3.1.3　配种

观察母驴发情时间，及时配种。

3.2　妊娠母驴的饲养管理

3.2.1　饲养

怀孕前中期前正常饲喂，后期加强营养，要按胎儿发育需要的营养适当调配日粮，增加蛋白质的饲喂量，选喂优质粗饲料，种类多样化，补充青绿多汁饲料，减少玉米等能量饲料，如有放牧条件，尽量放牧饲养。产前几天，草料总量应减少 1/3。

3.2.2　管理

母驴受孕头一个月内要避免役用和强烈运动。1 个月后可照常役用和运动。6 个月后要适当减少役用。在母驴整个妊娠期间管理上要十分重视保胎防流产工作。

3.3　哺乳母驴的饲养管理

3.3.1　饲养

在哺乳期间饲料中应有充足的蛋白质、维生素和矿物质。混合精料中豆饼应占 30%~40%，麸类占 15%~20%，其他为谷物性饲料。为了提高泌乳力，应多补饲青绿多汁饲料。有放牧条件要尽量利用。此外应根据母驴的营养状况、泌乳量的多少酌情增加精料量。哺乳母驴的需水量很大，每天饮水不应少于 5 次，要饮好饮足。

3.3.2 管理

注意让母驴尽快恢复体力。产后 20 d 左右，应注意观察母驴的发情，以便及时配种。母驴使役开始后，应先少干活，以后逐渐恢复到正常劳役量。在使役中要勤休息，一般约 2 h 休息一次。初生至 2 月龄的幼驹，每隔 30 ~ 60 min 即泌乳一次，每次 1~2 min，以后可适当减少吮乳次数。

4 幼驹的饲养管理

4.1 尽早吃足初乳

接产人员应尽早使幼驹吃上初乳。产后 2 h 幼驹还不能站立，就应挤出初乳，用初乳饲喂，一天 3~5 次。

4.2 早期补饲

幼驹出生后 1 月应开始补料，此时要补给品质好、易消化的饲料。到 2 月龄时逐渐增加补饲量。具体补饲量应根据母驴的泌乳量和幼驹的营养状况、食欲及消化情况灵活掌握，粗饲料用优质禾本科干草和苜蓿干草，也可随母驴放牧。补饲时间应与母驴饲喂时间一致。但应单设补饲栏以免母驴争食。幼驹应按体格大小分槽补饲，个别瘦弱的要增加补料次数以使生长发育赶上同龄驹。

管理上应注意幼驹的饮水需要。最好在补饲栏内设水槽，经常保持有清洁饮水。

4.3 适时断奶，全价饲养

幼驹一般在 6~7 月龄断奶。断奶前几周，应给幼驹吃断奶后饲料。断奶应一次完成。对断奶的幼驹应给予多种优质草料配合的日粮，其中精料量占 1/3（作肉用的幼驹精料量应该更高）且随年龄的增长而增加。1.5~2.0 岁性成熟时，精料量应达到成年驴水平。对公驴来讲，其精料还应额外增加 15% ~ 20%，且精饲料中应有 30% 左右的蛋白质饲料。

4.4 管理

必须为幼驹随时供应清洁饮水；加强刷拭和护蹄工作，每月削蹄一次，以保持正常的蹄型和肢势；加强运动。1 岁时应将公、母驴分开，防止偷配，并开始拴系调教；2 岁时对无种用价值的公驴进行去势（肉用驴应在育肥开始前去势）。

4.5 防止早配早使

按照驴驹生长发育规律，母驴配种不要早于 2.5 岁，正式使役不要早于 3 岁。公驴配种可从 3 岁开始，5 岁以前使役、配种都应适量。

5 舍饲管理

5.1 分槽定位

按性别、年龄、体格大小分槽定位饲养。临产母驴或青年幼驹要用单槽，哺乳母畜的槽位要宽些，便于幼驹吃奶和休息。

5.2 定时定量，细心喂养

要根据季节、农活的种类、活的轻重以及干活时间长短，确定每天的饲喂次数、时间和喂量。冬季要分早、午、晚、夜喂 4 次；春季分早、午、晚和上下午中间歇息时喂 5 次；秋季只需早、午、晚喂 3 次。每次饲喂时间、喂量都要固定。

5.3 看槽细喂，少给勤添

喂驴的草要铡短，喂前要筛去尘土，挑出长草，拣出杂物。每次饲喂要先喂草，后喂加水拌料的草。一顿草料要分多次投喂，每顿至少 5 次，每次给草料不要过多，少给勤添，使槽内既不剩草也不空槽，精料要由少到多，逐渐减草加料。拌草时用水不要过多，使草粘住料就可。

5.4 给足饮水

应自由饮水，尽量做到渴了就饮，保证饮水，水要清洁、新鲜。冬季饮水温度要保持 8~10℃。

5.5 饲养管理程序和草料种类不要突然改变

如需要改变饲养管理程序和草料种类，要逐渐过渡。

5.6 圈舍管理

要做到勤打扫、勤垫圈，夏天每日至少清除粪便 2 次，并及时垫上干土，保持过道和厩床干燥。每次饲喂前，要清扫饲槽，除去残留饲料。饲槽和饮水设施需及时刷洗，保持饮水新鲜清洁。冬季圈内温度应保持在 8~12℃。夏季圈内需保持通风，若天气闷热，应将驴拴于露天凉棚下饲喂。

5.7 定期健康检查

定期进行健康检查。做好防疫、检疫和驱虫等工作。

6 新疆驴营养需要量及饲料配方

新疆驴营养需要量及饲料配方见附录 A。

附录 A
（资料性附录）
新疆驴营养需要量及饲料配方

A.1 新疆驴营养需要量

A.1.1 种公驴的营养需要量

表 1　种公驴的营养需要量

阶段	体重/ kg	可消化能/ kJ	可消化蛋白/ g	钙/g	磷/g	胡萝卜素/ mg
配种准备 和配种期	140.00	19.34	78.40	5.04	3.36	7.00
	148.00	25.86	82.90	5.32	2.55	7.40
非配种期	140.00	17.20	78.40	5.04	3.36	7.00
	148.00	21.80	82.90	5.32	3.55	7.40

A.1.2 妊娠母驴的营养需要量
A.1.2.1　妊娠中期（4~8个月）的营养需要量

表 2　妊娠中期（4~8个月）的营养需要量

体重/ kg	可消化能/ kJ	可消化蛋白/ g	钙/g	磷/g	胡萝卜素/ mg
150.00	19.26	145.34	10.50	7.35	23.68
160.00	20.60	157.31	11.20	7.84	25.46

A.1.2.2　妊娠后期（9~12个月）的营养需要量

表 3　妊娠后期（9~12个月）的营养需要量

体重/ kg	可消化能/ kJ	可消化蛋白/ g	钙/g	磷/g	胡萝卜素/ mg
150.00	21.57	180.79	11.75	8.21	28.42
160.00	23.00	202.18	12.51	8.76	30.55

A.1.3 哺乳母驴的营养需要量

A.1.3.1 哺乳前期（1~3个月）的营养需要量

表4 哺乳前期（1~3个月）的营养需要量

体重/kg	可消化能/kJ	可消化蛋白/g	钙/g	磷/g	胡萝卜素/mg
140.00	34.19	302.40	13.44	9.40	34.63
150.00	36.60	324.00	14.40	10.08	38.45

A.1.3.2 哺乳后期（4~6个月）的营养需要量

表5 哺乳后期（4~6个月）的营养需要量

体重/kg	可消化能/kJ	可消化蛋白/g	钙/g	磷/g	胡萝卜素/mg
140.00	30.42	271.90	11.79	8.25	23.58
150.00	32.58	291.55	13.09	9.14	26.18

A.1.4 育成驴的营养需要量（断奶至成年前）

表6 育成驴的营养需要量（断奶至成年前）

月龄	体重/kg	可消化能/kJ	可消化蛋白/g	钙/g	磷/g	胡萝卜素/mg
6~12	70~90	15.75	163.80	10.85	7.59	12.00
13~15	100~130	18.90	136.00	8.80	5.60	11.00
16~18	140~180	22.68	120.00	8.80	5.60	12.40

A.1.5 杂种育成驴的营养需求量（断奶至成年前）

表7 杂种育成驴的营养需求量（断奶至成年前）

月龄	体重/kg	可消化能/kJ	可消化蛋白/g	钙/g	磷/g	胡萝卜素/mg
6~12	80~100	18.02	187.4	12.50	8.74	26.00
13~15	110~160	23.43	243.7	15.20	10.66	31.00
16~18	170~230	25.95	269.9	16.50	11.70	36.00

A.2 新疆驴的日粮配方

A.2.1 种公驴的日粮配方

表8 种公驴的日粮配方

阶段	精饲料/kg				粗料/kg		多汁饲料/kg		矿物质/g	
	玉米粒	麦麸	豆粕	葵粕	混合青草	混合干草	胡萝卜（鲜糖渣）	青贮料（微贮）	食盐	钙磷
冬春季	1.50	0.30	0.20	0.20	—	5.00	1.00	1.00	15.00	20.00
夏秋季	1.00	0.40	0.20	0.20	8.00	1.50	1.00	—	20.00	20.00

注：春秋种公驴配种期玉米粒2.5 kg，鸡蛋5枚混合于饲料中。

A.2.2 母驴的日粮配方

表9 母驴的日粮配方

阶段	精饲料/kg				粗料/kg			多汁饲料/kg	矿物质/g	
	玉米粒	麦麸	豆粕	葵粕	混合青草	混合干草	作物秸秆	青贮料（微贮）	食盐	钙磷
妊娠前期	0.50	0.15	0.10	0.50	5.00	1.00	2.0	—	20.00	20.00
妊娠后期	0.75	0.25	0.10	0.40	6.00	1.50	2.0	0.50	18.00	25.00
哺乳 1~3个月	0.80	0.25	0.25	0.60	6.00	1.50	2.5	—	22.00	25.00
哺乳 4~6个月	0.40	0.25	0.15	0.60	6.00	2.00	2.5	0.50	18.00	20.00

A.2.3 直线育肥日粮配方

表10 直线育肥日粮配方

阶段（d）	精饲料/kg				粗料/kg			多汁饲料/kg	矿物质/g	
	玉米粒	麦麸	豆粕	葵粕	混合青草	混合干草	作物秸秆	青贮料（微贮）	食盐	钙磷
1~60	0.2	0.2	0.1	0.5	6.0	1.0	2.0	1.0	15	20

（续表）

阶段 （d）	精饲料/kg				粗料/kg			多汁 饲料/ kg	矿物质/g	
	玉米粒	麦麸	豆粕	葵粕	混合 青草	混合 干草	作物 秸秆	青贮料 （微 贮）	食盐	钙磷
61~120	0.3	0.2	0.2	0.4	6.0	1.0	2.0	1.0	15	20
121~180	0.5	0.2	0.3	0.6	4.0	1.5	2.5	1.0	15	10

注：空怀母驴营养需要量与日粮配方参照妊娠前期母驴情况执行。

【地方标准】

新疆驴养殖标准体系总则
General rules of standard syestem
for raising of Xin Jiang donkey

标准号：DB65/T 2778—2007
发布日期：2007-07-10　　　　　　　实施日期：2007-08-10
发布单位：新疆维吾尔自治区质量技术监督局

前　　言

本标准根据 GB/T 1.1—2000《标准化工作导则　第 1 部分：标准的结构和编写规则》要求制定。本标准由新疆维吾尔自治区畜牧厅提出。

本标准由新疆维吾尔自治区畜牧厅归口。

本标准由新疆畜牧科学院负责起草。

本标准主要起草人：郑文新、阿吉、高维明、曹克涛。

1　范围

本标准规定了新疆驴生产标准体系编制的基本原则、体系内容和体系管理及标准明细。

本标准适用于新疆驴生产标准体系的建立、评价。

2　基本原则

本标准在兼顾法制性、科学性的基础上，还具备以下原则要求。

2.1　目的性

本标准坚持畜牧业产品产业化发展优质、高效、高产、生态的原则，为加强对新疆驴的有效利用和产业化发展，立足新疆本地化养殖的实际情况，以提高新疆驴良种化、标准化、规模化养殖和驴相关产业整体质量水平。

2.2　针对性

本标准以新疆驴为标准化对象，围绕影响新疆驴生产和质量的相关要素制定标准体系。

2.3　系统性

本标准体系对新疆驴的法律法规、环境条件、投入品、生产管理、产品质量安全以及产品的市场准入认证认可等各个环节作了要求，具体由国家标准、行业标准、地方标准组成。

2.4　适用性

目前驴的生产标准化水平较低，技术队伍等还有待进一步发展，不可能一步到位。因此主要针对影响生产的关键要素制定相应的标准。在今后应用的过程中不断完善。

3　新疆驴生产标准体系表框图

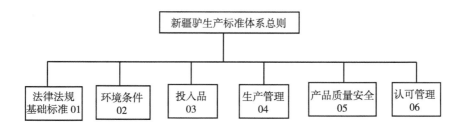

4　体系管理

本标准体系对新疆驴产品的生产者、加工者、经营者以相关的供应环节建立可追溯的管理体系。并根据市场需求情况以及对标准体系的应用评价进行适当的调整。

5　标准明细表

5.1　01 明细表

序号	名称	标准编号	备注
1	中华人民共和国动物防疫法		
2	中华人民共和国畜牧法		
3	中华人民共和国产品质量法		
4	兽药管理条例		
5	饲料和饲料添加剂管理条例		
6	种畜禽管理条例		
7	饲料药物添加剂使用规范	农业部公告第 168 号	
8	中华人民共和国环境保护法		

5.2 02 明细表

序号	名称	标准编号	备注
1	畜禽产地检疫规程	GB 16549—1996	国家标准
2	农产品安全质量　无公害畜禽肉产地环境评价要求	GB/T 18407.3—2001	国家标准
3	畜禽环境　术语	GB/T 19525.1—2004	国家标准
4	畜禽养殖业污染物排放标准	GB 18596—2001	国家标准
5	新疆驴养殖场建设要求	待制定	地方标准
6	畜禽场环境质量评价准则	GB/T 19525.2—2004	国家标准
7	畜禽场环境质量标准	NY/T 388—1999	行业标准
8	畜禽养殖业污染防治技术规范	HJ/T 81—2001	行业标准
9	养殖场粪污处理规程与无害化处理设施	待制定	地方标准

5.3 03 明细表

序号	名称	标准编号	备注
1	种驴生产性能测定技术规范	待制定	地方标准
2	种驴鉴定项目、术语及符号	待制定	地方标准
3	驴配种站设计规范	待制定	地方标准
4	驴舍设计规范	待制定	地方标准
5	无公害食品畜禽饲养兽药使用准则	NY 5030—2006	行业标准
6	无公害食品新疆驴饲养饲料使用准则	待制定	地方标准
7	人工草料地建设技术规范	DB65/T2184—2004	地方标准
8	青贮、黄贮、微贮制作技术规范	待制定	地方标准
9	驴人工授精技术规程	待制定	地方标准
10	禁止在饲料和动物饮水中使用的药物品种且录	农业部公告第176号	

5.4　04 明细表

序号	名称	标准编号	备注
1	无公害食品畜禽饮用水水质	NY 5027—2001	行业标准
2	新疆驴疫病防治综合技术规程	待制定	地方标准
3	驴育肥技术规程	待制定	地方标准
4	新疆驴饲养管理规范	待制定	地方标准

5.5　05 明细表

序号	名称	标准编号	备注
1	新疆驴	待制定	地方标准
2	无公害食品　驴肉	NY 5271—2004	行业标准
3	驴肉质量分级	待制定	地方标准
4	驴肉分割技术规程	待制定	地方标准
5	驴肉冷鲜处理技术	待制定	地方标准
6	无公害食品驴奶	待制定	地方标准
7	驴皮	待制定	地方标准
8	无公害食品　驴肉贮存及运输准则	待制定	地方标准

5.6　06 明细表

序号	名称	标准编号	备注
1	中华人民共和国认证认可条例	中华人民共和国国务院令（第 390 号）	
2	无公害农产品标志管理办法	国家认证认可监督管理委员会第 231 号	
3	无公害农产品管理办法	中华人民共和国国家质量监督检验检	
4	无公害农产品认证产地环境检测管理办	农业部农产品质量安全中心文件农质	
5	无公害农产品产地认定程序	国家认证认可监督管理委员会第 264 号	
6	无公害农产品认证现场检查规范	农业部农产品质量安全中心文件农质	

（续表）

序号	名称	标准编号	备注
7	无公害农产品（畜牧业产品）现场检查评价	农业部农产品质量安全中心文件农质	
8	无公害农产品认证程序	国家认证认可监督管理委员会第 264 号	
9	无公害农产品抽样规则	农业部农产品质量安全中心发布	

第六章　展望

发展驴乳产业既是我国居民消费升级、食品加工业向前发展的有力体现，更是推动乡村振兴、农业持续高质量发展的有力支撑。以贯彻新发展理念为指导，以构建新发展格局，实现奶业量的合理增长和质的有效提升为战略归宿，着力提高全要素生产率，着力提升产业链供应韧性和安全水平，有力推动奶业全面振兴和系统提升。

驴乳产业的快速发展，也随之带来一系列的问题。例如驴乳加工特性不清、产品风味易劣变、货架期短，假冒伪劣驴乳制品充斥市场；驴泌乳量低、奶源不稳定；产品质量良莠不齐，产品质量差距较大的问题。相比与牛乳和骆驼乳产业，新疆驴乳产业作为驴养殖业主要副产物，一直缺乏系统的加工与利用方法，驴养殖区域以南疆三地州和阿勒泰地区青河县、哈密市巴里坤县为主。驴产乳量低，生产成本较高，养殖场（户）经常因交售生驴乳含量不达标而导致驴乳产品不合格，这必将严重制约驴乳产业的发展。当前新疆奶驴产业亟需提高饲养管理水平，改善圈舍卫生状况。规范挤奶环境，运输环节，冷藏设备，完善原料奶生产流程的技术规范标准，建立健全驴奶及相关产品加工技术规范标准，改进驴乳的采集、加工、运输、保藏程序及手段，走产业化经营的路子。进一步健全和完善从乳用驴的品种选育、饲养到驴乳生产、收购加工等标准化体系，确保骆驴乳及其制品的质量安全，促进驴乳产业的健康、有序和可持续发展。同时，在生驴乳及驴乳粉标准中体现相关特征指标，提升驴乳产品竞争力，新疆驴乳产业的深耕细作、标准化是必经之路。建立、完善、并实施相关标准，对于保障驴乳质量安全，规范引导驴乳产业健康、有序、可持续发展具有重要的指导意义。

参考文献

敖维平，艾买尔·依明，陆东林，等，2014. 加热处理对驴乳脂肪酸组成的影响 ［J］. 食品研究与开发，35（6）：8-10.

陈宝蓉，张雨萌，王筠钠，等，2023. 马乳和驴乳中营养成分及加工技术研究进展 ［J］. 中国乳品工业，51（6）：32-39.

陈荣，2007. 新疆驴种质资源研究进展 ［J］. 中国农村小康科技（4）：79-80，43.

陈英，杨红，2022. 新疆驴产业发展现状与对策研究 ［J］. 山西农经（2）：154-156.

樊永亮，张成龙，张少卿，等，2016. 中国荷斯坦牛一个完整泌乳期中乳脂肪酸变化规律研究 ［J］. 黑龙江畜牧兽医（15）：95-97，101.

苟小刚，杨行，张明，等，2022. 驴乳酸奶冷藏期间挥发性风味物质成分分析 ［J］. 食品安全质量检测学报，13（2）：585-592.

黄实，王开雄，赵祖凤，2014. 影响牛奶固有酸度的因素 ［J］. 中兽医学杂志（10）：41-42.

李惠，丁建江，李景芳，等，2016. 提高原料驴乳质量安全水平的措施 ［J］. 新疆畜牧业（8）：43-46.

李景芳，何晓瑞，徐敏，等，2021. 驴乳及驴乳制品地方标准中脂肪指标的商榷 ［J］. 新疆畜牧业，36（1）：11-16.

刘飞，魏健，姜蕾，等，2023. 发酵驴乳的研究现状及展望 ［J］. 中国乳业（5）：87-92.

刘述皇，窦全林，2015. 驴乳和牛乳蛋白热稳定性的研究 ［J］. 云南畜牧兽医（3）：4-7.

刘文静，万祥，牛希跃，等，2022. 不同加工方式对驴乳成分及其稳定性的影响 ［J］. 现代食品，28（17）：53-56.

卢野，尹雁玲，万祥，等，2021. 发酵驴乳研究进展 ［J］. 现代食品（5）：24-27+31.

陆东林，张明，2013. 新疆疆岳驴乳研究进展［J］. 中国乳品工业，41（2）：32-36.

苗婉璐，2019. 驴乳及其发酵乳加工特性和胃肠道消化特性研究［D］. 南京：南京农业大学.

聂昌宏，2019. 马乳中营养成分检测分析及不同乳品中标识性成分的比较研究［D］. 乌鲁木齐：新疆医科大学.

牛跃，程晓通，于静，等，2020. 不同泌乳期驴乳成分分析［J］. 食品工业，41（11）：148-153.

史冠英，张剑林，罗庆，等，2020. 浅析新疆驴乳产业发展趋势［J］. 新疆畜牧业，35（4）：15-18+14.

田方，王银朝，陈静波，等，2014. 新疆驴产业发展的机遇与挑战［J］. 草食家畜（1）：15-18.

佟满满，闫素梅，2022. 驴乳与其他乳营养物质组分差异分析及其开发展望［J］. 中国农业大学学报，27（11）：117-129.

王涵，胡玉玲，赵晨坤，等，2022. 泌乳阶段和处理温度对驴乳中溶菌酶活性的影响［J］. 畜牧兽医学报，53（4）：1089-1095.

王帅，陈贺，康露，等，2017. 驴乳的特色化学组分和营养价值［J］. 新疆畜牧业（7）：22-23.

王铁男，2022. 不同饲养方式驴乳产量和营养成分分析［J］. 中国乳业（3）：19-23.

徐敏，王叶玲，詹振宏，等，2020. 以驴乳粉为原料制作发酵驴乳的研究［J］. 新疆畜牧业，35（1）：23-25.

杨行，2020. 新疆传统酸奶乳酸菌分离鉴定及在驴乳酸奶研制中的应用［D］. 喀什：喀什大学.

尹庆贺，张明，周玉贵，等，2022. 驴乳粉的化学成分和营养价值［J］. 新疆畜牧业，37（3）：18-22+46.

岳远西，闫素梅，2021. 驴乳的抗氧化功能及作用机理［J］. 动物营养学报，33（7）：3 639-3644.

张朝玉，吴晓晓，何宗霖，等，2015. 新疆奶业发展现状及发展方向［J］. 新疆畜牧业（2）：8-9.

张美琴，季华曼，杨洪生，等，2012. 氢化物发生原子荧光光谱法测定水产品中有机硒和无机硒［J］. 中国水产科学，19（5）：900-905.

周小玲，孙红专，赵奋飞，等，2011. 驴乳中共轭亚油酸含量研究［J］. 乳业科学与技术，34（3）：118-120.

CHARFI I, REZOUGA F, MAKHLOUF A, et al., 2018. The behaviour of Arabian donkey milk during acidification compared to bovine milk [J]. International Journal of Dairy Technology, 71 (2): 439-445.

COPPOLA R, SALIMEI E, SUCCI M, et al., 2002. Behaviour of Lactobacillus rhamnosus strains in ass's milk [J]. Annals of Microbiology, 52 (1): 55-60.

GUBI J, TOMI J, TORBICA A, et al., 2016. Characterization of severa l milk proteinsin domestic balkan donkey breed during lactation, using labonachip capillary electrophoresis [J]. Chemical Industry and Chemica lEngineering Quarterly, 22 (1): 9-15.

MARIA A, NICOLE E, PHOTIS P, 2016. Donkey milk: Anoverview on func- tionality, technology and futureprospects [J]. Food Reviews International, 33 (3): 316-333.

MARTINI M, SALARI F, LICITRA R, et al., 2019. Lysozymea ctivity in donkey milk [J]. International Dairy Journal, 96: 98-101.

MATERA A, ALTIERI G, GENOVESE F, et al., 2022. Effect of continuous flow HTST treatmentson donkey milk nutritiona lquality [J]. LWT, 2022: 153.

MIAO W L, HE R, FENG L, et al., 2020. Study on processing stability and fermentation characteristics of donkey milk [J]. LWT – Food Science and Technology, 124: 109151.

MINA M, FEDERICA S, IOLANDA, et al., 2018. Effects of pasteurization and storage conditions on donkey milk nutritional and hygienic characteristics [J]. The Journal of dairyres earch, 85 (4): 1-4.

MOHAMED H, AYYASH M, KAMAL-ELDIN A, 2022. Effect of heat treatmentson camel milk proteins—a review [J]. International Dairy Journal, 133 (11): 105404.

VINCENZETTI S, CECCHI T, PERINELLI D R, et al., 2018. Effects of freeze –drying and spray–drying on donkey milk volatile compounds and whey proteins stability [J]. LWT, 88: 189-195.